히말라야를 넘어
인도로 간다

히말라야를 넘어 인도로 간다

글 • 김재영 | 사진 • 관조성국
펴낸이 • 김인현 | 펴낸곳 • 종이거울

2006년 5월 25일 1판 1쇄 인쇄 | 2006년 5월 31일 1판 1쇄 발행
영업 • 혜국 정필수 | 관리 • 혜관 박성근 | 인쇄 • 동양인쇄(주)
등록 • 2002년 9월 23일 (제19-61호)
주소 • 경기도 안성시 죽산면 용설리 1178-1
전화 • 031-676-8700 | 팩시밀리 • 031-676-8704
E-mail • cigw0923@hanmail.net

ISBN 89-90562-23-6 04980
      89-90562-02-3 (세트)

眞理生命은 깨달음〔自覺覺他〕에 의해서만 그 모습〔覺行圓滿〕이 드러나므로 도서출
판 종이거울에서는 '독서는 깨달음을 얻는 또 하나의 길'이라는 신념으로 책을 펴냅
니다.

히말라야를 넘어
인도로 간다

폐허에서 찾아낸 불사(不死)의 출구

글 김재영 · 사진 관조스님

종이거울

저 장엄한 설산(雪山) 히말라야를 넘어
허위단심 인도로 달려간다.
폐허에서 피어나는 이름 모를 들꽃들
우리는 묻고 있다.
'불사(不死)의 출구는 어디 있는가?'

서문
인도는 사람 사는 법을 가르친다

_____ 관조(스님, 범어사 閑主)

　내가 인도를 처음 찾은 것은 1982년 초의 일이다. 인도 순례를 떠나는 사람이 드문 시절이었다. 무려 25여 년의 세월이 훌쩍 지났다. 그 사이 산천도 변하고 나도 많이 변했다. 무상한 세월 속에 무엇인들 변하지 않겠는가.

　그러나 내가 처음 인도를 보았던 그때의 충격과 환희는 지금도 생생하다. 변하지 않고 내 가슴속에서 그대로 호흡하고 있다. 내 삶을 맥동시키며 살아 숨쉬고 있는 것이다.

　무엇이 그토록 나에게 심한 충격과 환희를 주었던가?

　그것은 고생고생 찾아간 성지(聖地)들, 그 황량한 폐허였다. 나는 그 자리에 서서 뜨거운 눈물을 쏟아내었다.

　「룸비니에서 꾸시나가라까지ㅡ」

　가슴 설레는 기대로 달려간 성지들은 한결같이 폐허였다. 발굴하다 버려진 벽돌더미들, 무너져 내린 사리탑들, 깨어져 나간 불상들, 그 사이로 몰려드는 건 구걸하러 온 까만 아이들뿐ㅡ, 거기에 불교는 없었다. 절도 없고 수행자들도 없었다. 나는 말을 잊었다. 묵묵히 사리탑 자락에 엎드려 삼배를 올리고 두 손을 모았다.

나는 이리저리 배회하다 문득 노란 꽃잎을 보았다. 허물어진 벽들, 그 틈 사이로 비집고 올라오는 한 포기 노란 들꽃을 본 것이다. 순간, 한 줄기 영감이 온몸을 휩쓸고 지나갔다.

'그래, 저것은 부처님 소식이야. 저 꽃잎은 지금 설법하고 있는 거야. 아니, 부처님 법을 내게 속삭이며 전하고 있는 거야. 그래 그런 거야. 부처님은 지금 살아 계셔. 법을 설하고 계시는 거야. 아아 이 황량한 폐허에 부처님 진신이 변만하시구나.'

나는 가슴 벅찬 환희를 전율로 체감하였다. 동시에 본능적으로 카메라 셔터를 눌렀다. 카메라 속에 부처님의 상주설법(常住說法)을 담으려는 일념으로 셔터를 연속 눌러댔다. 시간이 지날수록 신명이 났다. 모든 것이 살아나고 있었다. 모든 것이 빛을 발하고 있었다. 삼매 속에서 맛보는 감로(甘露)ㅡ불사(不死)의 법열이 이런 것일까. 광산에서 금광석을 캐는 광부들의 심정이 이런 것일까?

이번 도서출판 종이거울 편집자들의 주선으로 좋은 인연을 만나 한 권의 인도 불교성지 순례 명상록을 엮게 되었다. 수십 년 동안 간직해 온 인도 사진들을 남김없이 내놓았다. 40년 가까운 세월동안 전법불사에 몸바쳐온 신심 깊은 불자이신 동방불교대 김재영 교수님께서 글을 썼다. 무엇보다 교수님은 일찍이 「룸비니에서 구시나가라까지」라는 부처님 일대기를 현대적으로 써서 우리 한국의 불자들에게 바른 신앙을 일깨웠다. 실로 뜻 깊은 일이다. 글과 사진이 어울려 금색광명을 토하리라.

부디 이 책의 금색광명을 바로 보아 두두물물의 산하대지가 묘색신여래 (妙色身如來) 아님이 없는 비로자나 진법신을 친견하는 계기가 되었으면 하고, 삶에 지친 이들에게 위로가 되고, 병든 이 시대의 문명 앞에 한 줄기 희망의 출구가 되기를 바란다. 끝으로 종이거울 편집진들의 정성과 노력 을 찬탄한다.

사람들은 '인도에 가면 한층 커서 온다'고 한다.

2006년 4월
부산 금정산 범어사에서 관조 근서

차례

차례

생명은 저토록 존엄한 것일까

_____ 룸 비 니 동 산 의 아 기 부 처 님 들

아쇼까 왕의 돌기둥[石柱]

인도 국경을 넘었다. 네팔이다. 국경이라지만 나무장대 하나 통과하면 그
만, 가슴 두근거리는 긴장 같은 건 아예 느낄 수 없다. 룸비니 동산 근처에
있는 한국 절 대성 석가사(大聖釋迦寺), 정말 놀랍다. 수천 명을 수용할 수 있
는 엄청난 규모이다. 만 명을 목표로 지금 가람불사가 한창 진행중이다. 이
큰 불사를 오척 단신의 법신스님 한 분이 이룩하고 있다니, 이건 실로 불가
사의 아닌가. 인간의 원력은 이토록 장엄한 것일까.

룸비니(Lumbini)는 네팔 남부 타라이의 지방 도시 바이라와 서쪽 역 18
킬로미터 지점에 위치한 조그마한 농촌 마을이다 오랫동안 '룸나데이' 마
을로 불려왔다. 지금은 대개 인도-네팔 국경을 넘어 룸비니로 오지만, 역
사적으로는 까삘라에서 룸비니를 거쳐 동쪽으로 라마그라마 지방으로 나
가는 것이 순례 코스였다.

룸비니 동산은 시원하게 열린 넓은 초원이다. 한곳에 아쇼까(Asoka) 왕의 돌기둥이 서 있고 그 옆에 마야 부인을 기리는 흰색의 마야데비사(Mayadevi寺, 마야부인당)가 서 있다. 절 안에는 아기 붓다의 강생 광경을 묘사한 아름다운 부조(浮彫)들이 2천 6백여 년 전 감격을 다시 불러일으키고 있다. 절 남쪽에는 마야 부인이 출산 전 목욕했던 연못 터가 남아 있다.

많은 사람들은 붓다의 룸비니 강생을 사실로 믿으려 하지 않았다. 특히 서양인들은 19세기까지도 붓다의 존재를 하나의 신화나 전설쯤으로 생각하고 있었다. 그러나 1896년 독일의 고고학자 빌러 박사(Dr. Bühler)가 룸비니 츄리아 언덕에서 6.5미터 높이의 아쇼까 왕 돌기둥〔石柱〕을 발굴함으로써 '붓다의 룸비니 강생사건'은 엄연한 역사적 사건으로 입증되었다. 기원전 245년에 세워진 이 석주에는 이렇게 기록되어 있다.

신(神)의 축복을 받는 피야다시 왕(Piyadasi 王, Asoka)은 즉위 20년에 몸소 이곳에 와서 예배하였다. 이곳은 석가모니가 탄생한 곳이기 때문이다. 이곳이 세존이 탄생한 곳임을 알리기 위하여, 왕은 석조의 부조(浮彫)와 석주를 세우기를 명하였다. 왕은 룸비니 마을의 세금을 감하여 수확의 8분의 1만 내게 하였다〔Bühler, Inscription of Asoka (JRAS, 1897)pp. 422, 615〕.

하늘에는 오색 꽃비 땅에는 감로의 샘물

산월(産月)이 되자 마야 부인은 까삘라를 떠나 친정이 있는 데바다하 성(城)

· · ·

룸비니 동산
네팔 타라이 푸르른 동산
만국기, 크레파스처럼 휘날리고
아기 부처님 다시 오시는가?
이 땅의 무수한 아기 부처님들 다시 오시는가?
살육과 증오의 한숨을 넘어
만국기 휘날리며 다시 오시는가?

「룸비니 동산의 만국기」

으로 향하였다. 두 나라 중간 지점에 있는 룸비니 동산에 이르렀다. 동산에는 사라나무 뿌리에서부터 가지 끝까지 꽃들이 흐드러지게 피어 있고 그 사이사이 오색 꿀벌들과 온갖 새들이 아름다운 소리로 지저귀며 날고 있었다. 마야 부인은 만삭의 몸을 이끌고 사라나무 숲으로 들어갔다. 한 나무에 이르러 부인은 손을 뻗어 동쪽으로 늘어진 가지를 가만히 잡았다. 순간 산기를 느꼈다. 급히 장막을 치고 그 가운데서 마야 부인은 해산하였다. 4명의 하늘신(大梵天, Maha-Brahma)이 황금그물을 가지고 아기를 받으며 부인에게 고하였다.

"부인이시여, 기뻐하소서. 위엄 넘치는 아기 왕자님이 탄생하셨습니다."

아홉 용〔九龍〕이 공중에서 향수를 뿜어 아기 왕자의 몸을 깨끗이 씻기고 하늘에서 두 줄기 물이 내려와 어머니와 아기 왕자의 몸에 생기를 북돋아주었다. 4명의 하늘신들이 가장 좋은 영양의 가죽으로 아기를 감싸고, 시녀들이 노란 카시 산(産) 천으로 아기 왕자를 싸안았다. 무수한 대천세계(은하세계)가 마치 하나의 안뜰과도 같이 평화로웠다. 그때 하늘사람〔天人〕들이 향유와 꽃다발을 가지고 아기 왕자에게 올리면서 찬탄하였다.

'희유하셔라, 임이시여
당신과 같은 자는 여기 어디에도 없습니다.
당신 말고 누가 뛰어나다 하겠습니까?'
아기 왕자가 문득 품에서 내려와 동서남북 사유사방(四維四方) 일곱 걸음 내딛

으니 발자국마다 연꽃이 솟아올랐다. 아기는 그 가운데 서서 한 손으로 하늘을 가리키고 또 한 손으로 땅을 가리키며 사자같이 외쳤다.

'하늘과 땅 위에 나 홀로 존귀하네.
온 세상 생령들이 고통 속에서 헤매니
내 마땅히 이들을 편안케 하리라.'

순간 아기 몸에서 광명이 솟아나 삼천대천세계(온 우주)를 두루 비추었다. 하늘땅이 고요히 진동하였다. 하늘에는 오색 만다라 꽃비, 땅에는 감로(甘露, 不死)의 샘물, 때 아닌 때 온갖 꽃들이 피어났다. 노루 사슴이 신명나게 산과 들을 내달렸다. 둥 둥 둥— 하늘북 높이 울리고, 악기 소리·합창 소리 장엄한 가운데 천당문 활짝 열리고 지옥문 산산이 부서져 나갔다. 마른 나무에 새 움 돋아나고 병든 이들 떨치고 일어섰다. 외로운 이들 반려를 만나고 가난한 이들 배불리 먹었다. 백성들의 만세 소리가 하늘땅으로 메아리쳐 갔다.(Jataka, Nidana-Katha, 『수행본기경』 2, 강신품)

왜 그들은 눈물을 쏟아내고 있는 것일까

  '하늘에는 오색 꽃비
  땅에는 감로의 샘물
  아홉 용이 향기로운 물을 토하고
  일곱 발자국마다 송이송이 연꽃 솟아나고

• • •
하늘신이 아기를 품에 안고
아홉 용이 향수로 씻기고
하늘 사람들이 꽃다발로 노래하고
노루 사슴 내달리고
얼쑤, 백성들 한바탕 춤을 추고

「룸비니 동산-사라나무와 싯다르타 연못못. 기원전 624년 4월 초파일,
아기 부처님 태어나다. 어머니 마야 부인 이 연못에서 세욕하다.」

천당 길 활짝 열리고

지옥문은 부셔지고 —'

이것은 신화일까? 동화일까?

경전들은 이렇게 아기 붓다의 강생(降生)을 찬탄하고 있다. 인간이 상상할 수 있는 최고의 언어를 동원하여 축복의 노래를 부르고 있다. 그리고 이 축복은 상당 부분 사실로 실현되었다. 숫도다나 왕이 대사령(大赦令)을 내려 전국의 옥문을 활짝 열어 갇힌 자들을 풀어내고 창고 문을 열어 궁핍한 백성들을 널리 구휼(救恤)한 것이다. 그리고 이 축복의 역사는 2천 6백여 년의 시공을 넘어 이 순간에도 계속되고 있다.

활짝 열린 초원

바람에 휘날리는 만국 깃발들

신명나게 내달리는 작은 사슴들 —

지금 수많은 사람들, 형형색색의 동서양 사람들이 이 초원에 무릎 꿇고 두 손 모으고 눈물을 쏟아내고 있다.

무엇 때문일까?

무엇 때문에, 2천 6백년 전, 그때의 인도 백성들은 상상력을 다하여 아기 붓다의 탄생을 노래하고 있는 것일까?

무엇 때문에 오늘 이 수많은 형형색색의 사람들은 동산 잔디 위에 엎드려 마냥 눈물을 쏟아내고 있는 것일까?

아기 붓다의 탄생을 통하여, 아마 그들은 자신들의 탄생을 보고 있는지

모른다. 아기 부처님의 탄생과 축복을 통하여, 아마 그들은 자신들의 탄생
으로 쏟아져 내리는 축복과 구원의 찬가를 듣고 있는지 모른다.

가난과 질병, 전쟁과 폭력, 갖가지 사회적 차별과 편견으로 인하여 박탈
당하고 망각됐던 그 축복과 구원의 찬가들―

그래 그런 거야. 아기 붓다의 강생을 통하여, 강생의 현장을 통하여, 이
제야 그 찬가의 원음(原音)을 듣고, 비로소 그들은 고귀한 '주인'으로 일어
서고 있는 거야. 신(神)의 권위로도 결코 침범할 수 없는 고귀한 '생명의
주인'으로서의 자존심을 되찾고, 신보다 거룩한 한 인간으로서의 독존성
(獨尊性)을 복원하고… 그래서 그들은 상상력을 다하여 아기 붓다의 탄생
을 노래하고 있는 거야. 느닷없이 뜨거운 눈물을 쏟아내고 있는 거야.

'천상천하 유아독존(天上天下唯我獨存),
하늘과 땅 위에 나 홀로 존귀하니라.
하늘나라와 인간세상에서 나 홀로 주인이라네.'

그런 까닭에 이것은, 아기 붓다의 천진한 입을 통하여, 그들 모두, 우리
모두의 생명 존엄성을 새삼 확인하려는 눈물겨운 호소로 들린다. 역사적
으로 관찰할 때, 이것은 난폭한 하늘신―힌두 신(Hindu)의 권위로, 잔혹한
카스트의 횡포로 유린되고 천대받는 절대다수 인도 민중들의 강렬한 저항
과 인간 복권의 열망을 담고 있는 역사적 선언 아니던가?

룸비니 동산에 솟아오르는 연꽃송이

아기 붓다의 발걸음 좇아 솟아오르는 일곱 연꽃송이—

생명은 진정 저토록 존귀하고 눈부신 것이리라. 생명의 탄생은, 누구의 것이든, 그 자체로서 저토록 축복받아야 하는 것, 생명은 어떤 형태의 탄생이든, 그 자체로서, 어떤 전제도 벗어 던지고, 저토록 온전하고 자재하고 생사를 넘어선 감격. 늙음과 질병, 고통과 죽음이 본래 없는 불사(不死) 불멸(不滅)의 감격이리라. 이 축복을 전파하고 이 감격을 드러내기 위하여, 바이사카 달 보름, 룸비니 동산, 아기 붓다는 저렇게 오고 있는 것이겠지. 그래서 신(神)들과 용(龍)들, 사람들, 사슴들이 저토록 기뻐 춤추며 눈물을 쏟아내고 있는 것이겠지.

'하늘에는 오색 꽃비
  땅에는 감로의 샘물—'

이것은 실로 그들 앞에 바쳐지는 축복 아닌가. 우리들 앞에, 이 세상 모든 생령 앞에 바쳐지는 축복 아닌가. 더할 수 없는 축복의 시편(詩篇) 아닌가.

아기 붓다, 지금 오고 있는가

북녘 땅, 이름 모를 어느 들판에서, 허기져 쓰러진 엄마의 젖가슴을 파고드는 한 아기의 울부짖음을 들으면서, 문득 룸비니 동산의 아기 붓다를 보고 있다. 이라크 바그다드, 아이들 머리 위로 최첨단 살상 폭탄을 쏟아붓는 B-1 폭격기들의 먹구름, 그 전장에서 울고 있는 아기·아이들을 목격하면서, 문득 송이송이 솟아오르는 연꽃들을 보고 있다. 2003년 7월, 인천, '엄마 살려줘, 죽기 싫어─', 이렇게 발버둥치며 엄마 손에 끌려 고층 아파트에서 떨어지는 세 어린 생명들, 그 절규에 전율하면서, 문득 하늘 가득 울려오는 '천상천하 유아독존'의 소리 듣고 있다.

태어나지도 못한 채 날카로운 칼 세례를 받고 핏덩어리로 살육당하는 태아들

엄마의 젖 한 번 빨아보지도 못하고 팔려가는 영아들

백혈병 · 소아암 · 고서씨병 · 무소뇌병, 갖가지 희귀병으로 살아보지도 못하고 죽어가는 아기 · 아이들

룸비니 주변에서 유난히 큰 눈망울을 굴리면서 순례자들에게 '원 달러'를 애걸하는 맨발의 현지민 아이들─

그럼에도 불구하고 그들은 한결같이 아기 붓다들, 아기 부처님들 아닐까. 2천 6백여 년 전 이곳에 태어났던 아기 붓다같이, 그들은 여전히 한결같이 이 땅의 아기 부처님들 아닐까. 신의 권능으로도 어쩌지 못하는 존귀한 아기 부처님들 아닐까. 강대국 자본주의로도 어쩌지 못하는 존엄한 아기 부처님들 아닐까? 그래, 그런 거야. 태어나지도 못하고 찢겨나가는 아기들, 그 아기들 몸으로 아홉 용이 향수를 토해 씻기고 있고, 팔려가는 아기들, 그 아기들 걸음마다 여전히 일곱 송이 연꽃들이 피어나고 있는 거야. 폭력으로, 폭탄으로 살육당하는 아기 · 아이들, 그들 머리 위로 하늘에서 단비 내리고, 몹쓸 병으로 죽어가는 아기 · 아이들, 그들 발 밑으로 여전히 감로의 샘물─불사(不死)의 샘물이 콸콸 솟아오르고 있는 거야. 굶주리는 아기들, '원 달러'를 구걸하는 아이들, 신(神)들, 사람들이 입을 모아

그 아이들을 환호하며 찬양하고 있는 거야.

　끝없는 전쟁과 살육 · 굶주림 · 질병—

　하늘도 땅도 침묵해 버린 이 절망의 어둠 속에서, 그래서 그들은 붓다를 더욱 절절히 기다리고 있는지 모른다. 아기 붓다의 강생을 고대하고, 룸비니 동산의 신들과 백성들이 함께 부르는 축복의 찬가가 다시 한 번 울려 퍼지기를 고대하고, 진흙 속에 기적처럼 솟아오르는 구원의 연꽃을 고대하고— 그래서 룸비니 동산에 만국기가 저렇게 기운차게 펄럭이고 형형색색 사람 사람들이 잔디 위에 엎드려 저토록 열렬히 경배하며 눈물을 쏟아내고 있는 것인지 모른다. 룸비니 동산 아기 붓다의 강생이야말로 그들이 고대하는 마지막 희망인지 모른다.

　'천상천하 유아독존,

　하늘과 땅 위에 나 홀로 존귀하니라.'

　지금 어디선가, 이렇게 사자처럼 외치며 아기 부처님은 오고 있을까?

　목메어 기다리는 사람들 곁으로, 굶주린 호랑이 새끼들에게 몸을 던지

· · ·

'천상천하 유아 독존

하늘 땅에 나 홀로 존귀하네.'

총에 맞고 폭탄에 맞고 주먹에 맞고

태어나지도 못하고 죽어가는 아기들

그래, 그들 모두 아기 부처님, 하늘 땅에 존귀한 아기 부처님들.

「부조: 아기 붓다의 강생—룸비니 마야부인당」

듯, 아기 부처님은 그렇게 오고 있을까? 태어나지도 못하고 죽어가는 어린 생명들 곁으로, 새끼 밴 암사슴을 대신하여 목을 내밀듯, 지금 어디선가, 아기 부처님은 그렇게 다가오고 있을까? 걸음걸음 연꽃을 피우며, 오늘 이 초원으로, 이 사람들 곁으로 달려오고 있을까? 이 아기·아이들 곁으로 달려오고 있을까?

'하늘과 땅 위에 나 홀로 존귀하네.'

룸비니 동산 풀밭에 귀를 대고, 나는 지금 아기 붓다가 다가오는 발자국 소리를 듣고 있다. 쾅쾅― 반 공중에 솟아오르는 대성 석가사 망치소리같이 도처에서 분명하게 들려오는 발자국 소리를 듣고 있다. 낙태와 매매·굶주림과 학대, 그리고 아기들 머리 위로 고성능 폭탄을 퍼붓는 전장의 검은 구름을 뚫고, 저 영롱한 만국기같이, 불사(不死)의 깃발 휘날리며 다가오는 발자국 소리를 듣고 있다.

'하늘과 땅 위에 나 홀로 존귀하네.'

그래, 이거야. 저 아기 붓다같이, 우리가 이렇게 외칠 때, 우리는 진정 태어나는 거야. 북녘땅을 향하여, 백악관을 향하여, 이라크와 팔레스타인을 향하여, 우리가 목소리를 모아 이렇게 선포할 때, 우리는 진정 신(神)보다 더 존엄한 생명의 주인으로 태어나는 거야. 그때 비로소 우리 비극도 끝나겠지. 태어나지도 못한 채 죽어가는 아기들의 비극도 끝나겠지.

죽어도 죽이지 아니하면 죽지 않아요

___ 까삘라의 깃발은 지금도 휘날리고

두 개의 까삘라 터

법신스님의 안내를 받으며 까삘라 성터를 둘러보았다. 성은 무너져 빈터, 적막인지 평화인지 군데군데 황토 빛 벽돌더미, 그 사이로 노란 들꽃 하나 머리를 쏘옥 내밀고 있다. 누렇게 바랜 공책을 펼쳐들고 오래 잊어버린 옛 이야기 하나 들려주려는 것인가.

까삘라(Kapila)는 석가족의 나라이고 붓다의 모국이다. 까삘라밧투는 까삘라의 도읍이다. 여기서 '까삘라'라고 하면 나라와 도읍을 함께 일컫는 용어로 쓰고 있다.

까삘라는 네팔 남부 인도 국경 근접지역인 따우리하와 북쪽 약 3킬로미터 지점에 위치한 띨라우라꼬뜨 마을로 추정된다. 동쪽으로는 로히니 강이, 서남쪽으로는 반강가 강이 흐르고 있고, 북쪽으로는 멀리 히말라야 백설(白雪)이 신령스런 기운을 발하고 있다. 지금은 거의 폐허로 방치된 채

27

20여 채의 농가들이 푸른 숲들과 무너진 성터를 묵묵히 지켜보고 있다.

1899년 인도 고고학자 무케르지(P. C. Mukerjee)가 이곳에 대한 발굴조사를 시작한 이래, 1966년부터 1972년까지, 네팔 정부와 일본 입정대학의 공동 발굴이 집중적으로 진행되었다. 지금 폐허 군데군데 발굴작업의 흔적들이 무덤처럼 남아 있다.

띨라우라꼬뜨 숲속에서 발굴된 까삘라 유적은 남북 500미터 동서 450미터의 요새화된 장방형 성벽지로서, 서문 터와 동문 터 사이 중앙에서 숫도다나 왕의 본궁(本宮) 터로 추정되는 벽돌 건물의 흔적이 발굴되었다. 이 궁터 북쪽에는 '사마이 마이(Samai Mai)'라고 불리는 오래된 작은 사원이 있고, 그 안에는 마야 부인의 아기 붓다 탄생 장면을 연상시키는 신상이 안치되어 있다. 성벽 북쪽 400미터 지점에는 숫도다나와 마야 부인의 것으로 추정되는 스투파가 남아 있다. 띨라우라꼬뜨의 까삘라 유적들은 아직 모든 것이 불분명한 상태로 지난 날의 비극을 덮어 안은 채 황토 빛 폐허 속에서 고요히 잠들어 있다.

앞에서 언급한 것과 같이, 까삘라는 지금 네팔 타라이 지방의 띨라우라꼬뜨로 추정된다. 여기서 '추정'이란 애매한 용어를 쓰는 것은 인도 고고학자 등 일부 사람들은 인도의 삐쁘라바를 까삘라밧투의 유적지로 강력히 주장하고 있기 때문이다.

띨라우라꼬뜨와 삐쁘라바.

어쩌면 이 세상에 2개의 까삘라가 있는지 모른다. 그리고 이 2개의 까삘라가 가족의 불행한 고난의 역사를 반증하고 있는 것인지 모를 일이다.

성(城)은 무너져 빈터
황토 속에 나딩구는 벽돌 조각들
그들은 기억하고 있을까?
청년 고따마의 고뇌, 외로운 방황
태어나 신나게 한번 살아 보지도 못하고
죽어가는 나와 당신의 허무.

「띨라우라꼬뜨 까삘라의 발굴 터, 붓다의 모국/이상원 作」

석가족의 최후

기원전 561년, 붓다의 연세 74세 때, 꼬살라국의 비두다바 왕이 군대를 이끌고 침략해 왔다. 어린 시절의 해묵은 원한을 갚기 위해서다.

오래 전 꼬살라의 빠세나디 왕은 까삘라와 동맹관계를 맺기 위하여 석가족 전사(크샤트리아)의 딸을 맞아 왕비로 삼으려고 제의했다. 이때 석가족들은 멸시하는 마음으로 붓다의 4촌 마하나마의 서녀(庶女) 바사박카띠야를 공주로 위장하여 시집보냈다. 그 여인은 신분이 낮았다. 비두다바는 빠세나디 왕과 바사박카띠야 사이의 소생이다. 그가 어려서 외가 까삘라를 방문했을 때, 석가족들은 그를 '천한 여인의 소생'이라고 모욕하였다. 이때부터 비두다바는 오랜 세월 복수를 꿈꾸고 있었다. 아버지의 왕위를 찬탈하자 그는 대대적인 침략전쟁을 일으킨 것이다.

이 소식을 듣고, 붓다는 왕의 군대가 진격하는 길목 마른나무 밑에서 땀을 흘리며 기다렸다. 왕이 진격해 오자 말하였다.

"왕이여, 친족의 나무는 시원한 법이라오."

왕은 붓다의 심정을 헤아리고 돌아갔다. 그러나 며칠 뒤 다시 진격해 왔다. 2번, 3번— 붓다는 눈물을 뿌리며 만류하였으나, 왕은 끝내 붓다를 뿌리치고 까삘라를 공격하였다. 비두다바 왕은 병사들에게 명하였다.

"나는 그대들에게 명하노라. '나는 석가족이다'고 말하는 자들은 다 죽여라. 다만 마하나마의 무리들은 살려줘라."

침략자들은 어머니 품속에 있는 아기들까지 모두 살해하였다. 피의 강물을 흘려보내면서, 비두다바 왕은 석가족의 피로 그가 모욕당했던 자리를 씻었다. 비두다바의 외할아버지 마하나마가 나아가 말하였다.

"왕이여, 내가 이 저수지 물 속에 들어가 있는 동안만큼은 살육을 중단해 주시오."

왕은 허락하였다. 그러나 한번 물 속에 들어간 마하나마는 나오지 않았다. 병사들을 시켜 찾아보니, 그는 머리를 물 속 풀뿌리에 동여매고 죽어 있었다. 비두다바와 그의 군대는 그날 밤 큰 홍수에 휩쓸려 죽어갔다. 붓다는 이 광경을 보고 게송을 읊어 대중들을 경계하였다.(Dhp. 43-47)

까삘라의 깃발

기원전 7~6세기, 붓다 당시의 북동 인도는 정치·사회적 격동의 상황에 있었다. 정치적으로는 16개국 사이에 끊임없는 정복전쟁이 벌어지는 속에, 대부분의 나라들은, 꼬살라·마가다·밤싸, 이 강력한 3대 군주국의 영향력으로 휘둘리고 있었다. 석가족의 나라 까삘라는 느슨한 형태의 작은 왕국으로 사실상 강대국 꼬살라의 속국과 별 다를 바가 없었다.

고따마의 출가는 석가족의 이러한 불우한 정치적 상황과도 관련되어 분석되기도 한다. 붓다가 군주적 패권주의를 비판하고 공화정치에 대하여 우호적 태도를 보이는 것도 이런 맥락에서 음미될 수 있을 것이다. 따라서

•••
까빌라의 깃발
석가족 용사들의 깃발, 붓다의 깃발
스스로 죽어가면서도 결코 죽이지 아니하는 비폭력의 깃발—
푸른 나무들은 깃발인가?

「까삘라의 폐허, 그래도 푸른 나무들/이상원 作」

'태자 싯달타'보다는 '왕자 싯달타(고따마)'가 역사적 사실에 더 가까운 것으로 보인다.(붓다의 종족은 Sakiyas, 姓氏는 Gotama, 스스로 '태양의 후예'라고 자부해 왔다. 고대 종족에서 흔히 발견되는 선민의식이라 할까? 그래서 부처님은 고따마 또는 고따마 붓다라고 흔히 불리고 있다.)

까삘라의 불행 또한 이 꼬살라국이 원인이다. '꼬살라 왕 비두다바의 석가족 학살사건'은 Jataka·Dhammapada(法句經) 등 많은 초기경전들에 기록될 정도로 널리 알려진 사실이다. 경전에서는 개인적 원한에 대한 복수로 서술하고 있지만, 강대국의 침략전쟁으로 보는 것이 타당할 것이다.

석가족은 히말라야와 그 주변 지역을 중심으로 활동한 자존심 강하고 품격 높은 종족이다. 붓다 스스로 고백했듯이, '정직하고 용기 있는' 사람들이다.(Sutta-Nipata 422-423) 하지만 그들은 비두다바 군대의 잔인한 살육에 맞서 싸우지 않았다. 창칼에 맞아 죽어가면서도 끝내 창칼을 뽑아들지 않았다. 석가족 전사들은 활 잘 쏘기로 유명한 용사들이지만 활시위를 당겨 시늉만 냈을 뿐 끝내 화살을 쏘아 사람을 죽이지 않았다.

이렇게 까삘라는 철저하게 파괴당하였다. 요행히 살아남은 석가족들은 유랑의 길을 떠나 흘러가다가 지금 삐쁘라바 지방에 이르러 정착하고 새로운 까삘라를 건설한 것이다. 그들은 여기서 평화롭게 어울려 살면서 붓다의 가르침을 실천하고, 붓다 입멸 후, 석가족의 자격으로 붓다의 사리를 분배받아 스뚜빠(stupa, 塔婆)에 봉안하고 지켜갔다. 이것이 '제2의 까삘라' 또는 '대까삘라─마하까삘라(Maha-Kapilavatthu)'이다. 그렇게 해서 2개의 까삘라가 존재하게 된 것이다.

무엇 때문일까?

왜 석가족들은 저항을 포기하고 스스로 죽음을 택한 것일까?

'ahimsa(아힝사)

불해(不害) · 비폭력

죽이지 말라, 해치지 말라.'

바로 이 때문이다. 석가족들은 그들이 존경하고 따르는 석가족의 성자 (Sakya-muni)—붓다의 담마(Dhamma, 가르침)를 굳게 지킨 것이다. 아힝 사—불해(不害) · 비폭력의 담마를 굳게 지키며, 석가족 용사들은 기꺼이 죽음을 선택하고, 정직하게 비폭력의 깃발을 지켜 의로운 죽음을 선택하 고— 마하나마가 이들의 의(義)를 대변하고 있는 것이다.

까삘라의 깃발

석가족 용사들의 깃발, 붓다의 깃발

스스로 죽어가면서도 결코 죽이지 아니하는 비폭력의 깃발—

우리는 지금 저 깃발을 보고 있다. 무너진 성벽 위에서 히말라야 바람을 쐬며 펄럭이는 저 깃발을 보고 있다. 2천 6백여 년, 비바람을 쐬며 누렇게 빛바랜 모습으로 말없이 펄럭이고 있는 까삘라의 깃발을 보고 있는 것이다.

파란 싹들의 속삭임

2001년 9월 11일.

뉴욕 참사를 목격하면서 어둔 그림자로 다가오는 또 한번의 집단 광기를 예감하고, 선량한 지구촌 사람들은 두려워 떨고 있다. 아프간의 칸다하르와 토라보라 산등성이에 솟아오르는 B-1 폭격기들의 흙먼지 구름과 중동의 자살테러들을 목격하면서, 폭력으로 평화를 담보하려는 어리석은 자들의 무지와 오만 앞에 지구촌 사람들은 인간 정신의 무력(無力)함을 또 한번 절감하고 있다. 그러면서 지금 사람들은 평화를 갈구하고 있다. 이 어리석고 추악한 악순환의 고리를 끊을 수 있는 지혜를 모색하며 고뇌하고 있는 것이다.

그들을 막을 길은 없는가?

그들의 집단 광기를 막을 길은 없는 것인가?

네오콘 · 원리주의자 · 패권주의자 · 시오니스트 · 테러리스트 · 파시스트 · 인종주의자 · 국수주의자 · 우월주의자…, 그들의 상습적 집단 광기를 정녕 막을 길은 없는 것인가?

까뻴라의 깃발

히말라야 산 바람으로 휘날리는 까뻴라의 깃발―

그래, 바로 이것이야. 바로 이 깃발이야.

이 낡은 까뻴라의 깃발이야.

그들이 이 까뻴라를 볼 수 있으면 얼마나 좋을까?

그들이 이 까뻴라의 깃발을 불 수 있으면 얼마나 좋을까?

친구들, 서로 죽이지 말아요.
그것은 허무여요.
죽어도 죽이지 아니하면
결코 죽지 않아요.

「까벨라에서 바라보는 히말라야」

파-란 싹들,

황량한 황토 벽 잔해들을 비집고 솟아오르는 이 파-란 싹들,

힘센 미국 카우보이들과 원한에 찬 빈 라덴들이 이 싹들의 속삭임을 들을 수 있다면 얼마나 좋을까? 머리 좋은 유대인들과 용기 넘치는 팔레스타인 사람들이 핏빛 황토를 뚫고 솟아오르는 이 파-란 싹들의 속삭임을 들을 수 있다면 얼마나 좋을까? 그들은 지금 작은 목소리로 말하고 있지 아니한가?

'친구들, 서로 죽이지 말아요.

그것은 허망한 짓이에요.

절대로 성공할 수 없어요.

머지않아 가슴 치며 후회할 거예요.

친구들, 죽어도 죽이지 아니하면 죽지 않아요.

친구들, 다시 살아나는 우리 꽃잎들을 보세요.

다시 살아나는 석가족들을 보세요. 그들은 죽지 않아요. 그들은 강인하게 살아남아 지금 인도 도처에서 불교개종운동을 벌이고 있잖아요.

친구들, 죽어도 죽이지 아니하면 불사(不死)여요. 정녕 죽지 않아요.'

까삘라의 깃발

석가족의 깃발

붓다의 깃발

불사(不死)의 깃발

석가족 용사들이 목숨 바쳐 휘날리고 있는 비폭력(非暴力)의 깃발—

수백만 석가족들의 불교개종운동 소식을 들으면서, 많은 사람들이 한숨 돌리며 이렇게 기뻐하고 있다.,

'그렇구나!

붓다의 가르침이 허망하지 않구나.

살육자들은 흔적 없이 사라졌는데

석가족들은 멸망하지 않고 이렇게 살아 있다니

인디아에 붓다가 이렇게 살아 있다니.

죽어도 죽이지 아니하면 참으로 죽지 않는구나.

그래, 바로 저 낡은 까삘라의 깃발이 인류의 희망이구나.'

까삘라 빈 성터에 서서 나는 평화를 느낀다. 조건 없는 온전한 평화를 감각한다. 까삘라 성터를 감싸고 있는 이 고요가 적막함이나 쓸쓸함이 아니라 조건 없는 영구평화의 향기라는 것을 피부샘 깊숙이 체감한다.

그래, 평화는 바로 이런 것이야. 아무 조건도 단서도 없는 것이야—

벽돌 사이 황토 빛 노란 꽃을 향해 찡긋 윙크를 보낸다.

병든 자본주의를 넘어서서

___ 우루벨라 고행림의 고요한 도전

설산(雪山), 민중들의 삶의 현장

햇살이 내리쬐는 한낮, 땀을 흘리며 우루벨라 고행림으로 들어섰다. 인도 계절로는 지금이 시원한 건기(乾期)인데도 이렇게 땀이 흐르고 걷기가 힘들다니 — 정말 히말라야의 눈바람이 그립다.

전통적으로 '설산(雪山) 고행' '6년 고행'으로 일컬어지는 고따마의 고행은 현재 보드가야에서 약 10킬로미터 거리에 있는 가야 시 남쪽 우루벨라(Uruvela)의 세나니가마(將軍村)라는 요새(要塞) 마을 근교, 네란자라 강기슭의 숲(苦行林)에서의 일이다. 따라서 설산 고행은 '우루벨라의 고행, 가야산 고행'으로 규정돼야 할 것이다. 고행림 근처에는 고행자 고따마에게 처음으로 유미죽을 공양 올린 촌장의 딸 수자따를 기념하는 수자따 절터(Sujatakuti)가 있고, 붓다가 전향시킨 배화교도의 지도자 까샤빠의 이름을 딴 우루벨라 까샤빠 절터가 남아 있다.

'이 숲 떠나지 않으리, 깨닫기 전에는
다시 강 건너 세상으로 돌아가지 않으리—'
고따마는 성공할 수 있을까?
병든 문명의 출구 찾을 수 있을까?

「우루벨라의 고행림—네란자라 강이 유유히 흐르고 있다. 기원전 595년, 청년 고따마가 여기서 6년 고행에 도전하다.」

객관적으로 관찰할 때, 설산(雪山)은 높고 험한 눈 덮인 산이 아니다. 그곳은 '유쾌하고 부드러운 둑을 지닌 깨끗한 강물이 흐르는 작은 숲'이었고, 근처에는 탁발할 수 있는 아름다운 마을이 있었다. 고따마는 이렇게 깨끗한 강과 적은 숲과 마을을 오가며 고행한 것이다. 이것은 고따마의 수행과 깨달음이 시종일관 민중의 현장에서, 수많은 사람들과의 만남 속에서 이루어지고 있다는 역사적 사실을 보여주고 있는 것이다.

고따마 왕자가 출가한 것은 기원전 595년, 그의 나이 29세 때 일로 알려져 있다. 출가의 동기는, 흔히 '사문유관(四門遊觀) 사건'으로 일컬어지는 사례에서 보듯, 삶의 허무, 죽음의 고통을 자각한 데서 비롯된다. 여기서 한 가지 유의할 것은, 고따마가 문제삼는 죽음의 고통은 단순히 관념적이고 철학적인 것이 아니라 전쟁과 카스트의 폭력으로 시달리는 민중들의 삶과 긴밀히 관련되어 있는 현실적이며 역사적인 '현장의 문제'라는 사실이다. 설산(雪山)은 바로 이러한 민중들의 삶의 현장으로 생각된다. 『초기불교 개척사』에서는 이렇게 논하고 있다.

> 그는 이렇게 한번도 민중의 고통이라는 현장을 떠나지 않고 고행하고 견성하였다. 고통의 현장에서 해탈·열반을 실현하였다. 그가 도달한 죽음으로부터의 해탈, 불사(不死, amṛtatva)는 관념적이고 형이상학적인 '죽음 일반(一般)'으로부터의 해탈이 아닌 것이라고 생각된다. 그가 일상으로 수없이 목격해온 수많은 사람들의 죽음의 당처(當處)에서 체감했던 그 절실하고 현실적인 '죽음의 현장'으로부터의 해탈로 보인다.(拙稿, 『초기불교개척사』, 203쪽)

내 사지는 마치 깔라 풀 같다

수행자 고따마는 라자가하를 떠나 네란자라 강이 흐르는 우루벨라 고행림으로 들어갔다. 이른바 6년 고행이 시작된 것이다. 붓다는 뒷날 제자들 앞에서 이렇게 회고하고 있다.

나는 실로 고행자다. 최상의 고행자다. 나와 같이 고행한 자는 이 이전에도 없었고 이 이후에도 없을 것이다.

나는 다 헤진 삼베옷을 입었고, 무덤 사이에 버려진 옷·누더기·짐승 가죽·양가죽·풀옷을 입었다.

나는 식사에 초대돼도 가지 않았다. 특히 나를 위하여 베푸는 것을 받지 않고 집안으로 들어가 음식을 받지도 않았다. 생선과 고기를 먹지 않고, 곡식으로 만든 술·과일주·죽을 먹지 않았다. 나는 오직 야채만을 먹었다. 죽순을 먹고, 때로는 물만 먹고, 떨어진 과일을 집어 먹었다.

나는 무덤 사이에서 시체의 해골들을 자리로 삼았다. 그때 목동들이 와서 내게 침을 뱉고 오줌을 갈기며 귀에 나무꼬챙이를 집어넣었다. 나는 그들에게 원망하는 마음을 내지 않았다.

나는 누구보다 더한 가난과 더러움의 고행자(貧穢行者)였다. 내 몸에는 여러 해 동안 때〔垢〕가 끼어 저절로 살가죽이 되었다. 나는 이런 때를 손으로 털어 버릴 마음도 내지 않았다.

나는 누구보다도 더한 죽이기를 싫어하는 고행자였다. 나아가거나 물러서거나 조심조심하며, 한 방울의 물에도 불쌍히 여기는 마음이 있었다. 그것은 그

가운데 있는 작은 벌레들일지라도 죽여서는 안 된다고 생각했기 때문이다.

나는 누구보다 더한 고독한 고행자(孤獨行者)였다. 나는 고요한 숲속에서 살았다. 목동들이나 풀 베는 자, 나무하는 자들을 보면, 나는 숲에서 숲으로, 밀림에서 밀림으로, 낮은 땅에서 낮은 땅으로, 높은 곳에서 높은 곳으로 도망쳐 갔다.

나는 두려운 숲으로 들어갔다. 아직 탐욕심을 버리지 못한 자로서 그런 숲에 들어가면 거의 모두 두려워 몸에 털이 일어선다고 했다. 차고 눈 내리는 겨울 달 초순의 제8일부터 하순 제8일까지 밤에는 노천에, 낮에는 숲속에 있었고, 여름 마지막 달에는 낮이면 노천에, 밤이면 숲속에 있었다. 그때 이런 게송이 떠올랐다.

더운 날도 추운 날도
오직 홀로 무서운 숲속에
벌거숭이로 홀로 앉아 있구나.

• • •
내 사지는 깔라 풀같이 말랐고
내 볼기는 낙타 볼기같이 달라붙고
내 척추는 고드래같이 들쑥날쑥
내 갈비뼈는 묵은 집 서까래 부러진 것 같고
뱃가죽 만지면 등뼈 잡히고
등뼈 잡으면 뱃가죽 잡히고—

「붓다의 고행—우루벨라 고행림에서(간다르 출토, 라호르 박물관 소장)」

말 없는 자는 원(願)을 이루리.

나는 똑바로 양쪽 발을 포개고 앉아 몸과 마음이 조금도 움직이지 않도록 하고 마음을 한곳에 집중하였다. 입을 다물고 이를 서로 맞대고 혀로 입 천정을 받치고, 호흡을 억제하며 호흡의 들어오고 나감을 고요히 관찰하였다. 이렇게 혀와 턱으로써 마음을 통일하고 생각을 모아 수행할 때 겨드랑이 밑에서 땀이 흘렀다.

그때 나는 입으로 쉬는 숨과 코 기운을 다 제거하였다. 입과 코를 닫아버리자 곧 귓구멍에서 큰 바람소리가 났다. 나는 다시 입과 코·귀로 숨쉼도 그쳐 일체가 막혔다. 속바람이 나오지 못하자 정수리로 치솟았다. 잘 드는 도끼로 치듯 속바람이 뇌를 쳐서 두통이 났다. 입과 코, 귀와 정수리의 숨쉼이 모두 막히자 속바람이 늑골과 배에서 회전하면서 날카로운 칼로 자르듯 늑골과 배가 찢어지듯 하였다.

나는 스스로 생각했다.

'나는 이제 움직이지 않는 삼매에 들었구나.'

나는 단식하기로 작정하였다. 조금씩 먹는 양을 줄여갔다. 하루 한 끼니만 먹었다. 나는 그때 하루 대추 한 알만 먹는 사람이었다. 또 맵쌀 한 알만 먹는 사람이었다. 이틀에 한 끼, 사흘에 한 끼를 먹었고, 이윽고 이레에 한 끼를 먹었고 보름에 한 끼를 먹었다.

그래서 내 몸은 매우 수척해졌다. 내 사지는 마치 깔라 풀같이 말랐다. 내 볼기는 마치 낙타의 볼기 같고, 내 척추는 마치 자리틀의 고드래같이 돌고나고 하였고, 내 갈비뼈는 오래 묵은 집 서까래 부러진 것 같았다. 내 뱃가죽은 등

뼈에 달라붙었기 때문에 뱃가죽을 만지면 등뼈가 잡혔고 등뼈를 만지면 뱃가죽이 잡혔다. 일어서려고 하면 머리를 땅에 처박고 넘어졌다. 머리 살갗은 마치 익지 않은 오이가 말라비틀어진 것 같고, 손바닥으로 몸을 만지면 몸의 털이 썩은 모근(毛根)과 함께 뽑혀 나왔다.

이를 보고 사람들이 말했다.

"사문 고따마는 검다."

"사문 고따마는 갈색이다."

"사문 고따마는 누렇다."

이 광경을 지켜보고 있던 하늘의 신들이 몰려와 서로 돌아보며 말했다.

"고따마 왕자님은 이미 목숨을 마쳤구나." (MN. 12. 52)

병든 자본주의를 넘어설 수 있을까

깨끗한 거울을 앞에 놓고, 지금 우리들의 자화상을 한번 돌이켜 보라.

우리 얼굴에는 얼마나 진한 쾌락의 개기름이 흐르고 있는가?

우리는 얼마나 철저하게 물질적 쾌락주의에 함몰되어 있는가?

우리는 얼마나 철저하게 감각적 쾌락주의의 우상 앞에 무릎을 꿇고 있는가?

우리는 얼마나 철저하게 자본주의적 쾌락주의의 이론에 길들여져 있는가?

지금 세계 인류가 미국이라는 유일 초강대국의 지배를 받고 있다는 것은 도저히 부정할 수 없는 역사적 사실로 보인다. 이러한 미국의 힘은 미국적 자본주의에서 생산되는 것이고, 미국적 자본주의는 철두철미 물질적 쾌락주의·감각적 쾌락주의의 본능에 의하여 추동되고 있는 것으로 보인다. '청교도 정신'을 주장하는 이론도 있었지만, 무기상들이 그들 이익을 위하여 도처에서 전쟁을 만들어 내는 지금의 미국 자본주의에게서 감히 누가 '청교도 정신'을 논할 수 있겠는가? 그것은 처음부터 환상이거나 기만 아닐까? 자본주의는 실상 쾌락주의의 다른 얼굴 아닐까? 코카콜라와 햄버그에 맛들이면서, 인류는 이 미국적 쾌락주의 앞에서 얼마나 철저히 해체되고 만 것일까?

그래서 그들은 미국으로부터의 해방을 꿈꾸고 있다. 정확하게 말하면, 미국식의 쾌락주의, 쾌락적 자본주의로부터의 해방을 꿈꾸고 있다. 세계 도처에서 반미(反美)가 터져 나오고 녹색환경운동·반(反)WTO가 물결치고 있는 것도 이 때문일 것이다. 그러나 아직 그들은 미약한 것으로 보인다. 미국식 거대시장에 대항하기에는 현실적으로 미숙하고 사상적으로 불완전한 것으로 보인다. 바른 대안을 찾지 못한다면, 인류의 재앙은 더욱 확산되고 더욱 위태로워져 갈 것이 아닐까?

새로운 대안의 현장에서

깔라 풀같이 말라붙은 팔과 다리

낙타 볼기같이 메마른 엉덩이

자리틀의 고드래같이 들쭉날쭉한 척추

• • •
돌이쳐 보니,
나는 얼마나 철저한 노예인가?
여섯 감각기관의 노예, 5온의 노예
세포 깊이, DNA 깊이 사무친
쾌락의 노예, 시장의 노예, 자본주의의 노예, 허무의 노예—
활활 이 푸른 강물에 들어 씻어 버려라.

「우루벨라의 네란자라 강—6년 고행 끝에 고따마는 박차고 일어나 이 강에 들어가 목욕한다.」

서까래같이 앙상하게 드러난 갈비뼈—

이것이 고행자 고따마의 몰골이다. 붓다가 스스로 회고하고 있는 자신의 고행상이다. 현존하고 있는 갈비뼈 앙상한 붓다의 고행상을 통하여, 이러한 경전의 서술들이 거의 사실에 가깝다는 것이 입증되고 있다.

그렇다고 붓다가 이러한 자신의 고행을 자랑하거나 권장하고 있다고 생각하면 그것은 착각이 될 것이다. 또 우리가 이러한 붓다의 고행을 찬양하거나 부추기려는 것도 결코 아닐 것이다. 도리어 극단적 고행주의는 극단적 쾌락주의와 함께 마땅히 버려져야 할 양극단이며 악업(惡業)이라고 가르치고 있는 것이 아닌가.

그럼에도 불구하고, 지금 우루벨라 고행림에서 많은 사람들과 신들이 숨을 죽이고 갈비뼈 앙상하게 깨달음을 추구하는 이 고행자 고따마를 주시하고 있는 것은 무엇 때문일까? 또 많은 순례자들이 가슴 두근거리며 갈비뼈 앙상한 붓다의 고행상을 주시하고 있는 것은 무엇 때문일까?

그것은 아마 그에게서 어떤 희망의 불씨를 찾을 수 있을지도 모른다는 기대 때문 아닐까? 그를 통하여, 인간 문화를 정글 같은 이기적 투쟁의 장으로 변질시켜 온 이 뿌리깊은 감각적 쾌락주의를 뚫고 일어설 수 있는 어떤 출구를 발견할지도 모른다는 기대, 미국식 자본주의의 병폐를 치유하고 극복할 수 있는 전혀 새로운 차원의 대안을 발견할지도 모른다는 기대, 그래서 그들은 수행자 고따마의 성공과 실패를 가슴 졸이며 지켜보고 있는 것 아닐까? 고따마는 성공할 수 있을 것인가? 새로운 대안을 찾는 이 인류사적 역사에서, 그는 과연 성공할 것인가?

돌이켜 보면, 우리 인류는 본래 자본주의 없이도 잘 살지 않았던가? 과도한 쾌락 없이 살아도 행복해하지 않았던가? 개발논리·GNP 몰라도, 검소한 것으로 만족해하지 않았던가? 콩 한 조각이라도 서로 나눠 먹으면서 오손도손 사람답게 살지 않았던가? 정신 차려 살펴보면, 지금 이 세상에도 성긴 옷 한 벌과 거친 밥 한 그릇으로도 행복하게 살아가는 사람들이 많지 않은가? 죽어도 죽이지 아니하고 한 방울 물 속의 미미한 생명 하나라도 해치지 아니하려고 애쓰는 착한 백성들이 많지 아니한가?

숲절에 가면, 아직도 많은 대중들이 발우공양을 하고 있다. 그들은 빙— 둘러앉아 거친 음식이라도 골고루 나눠 먹는다. 어른·아이, 남편·아내, 백인·흑인·혼혈— 어떤 차별도 없다. 다른 대중들을 생각하며 자기 먹을 만큼 조금씩 덜어간다. 밥알 한 톨도 남기지 않는다. 스스로 자기 밥그릇을 씻는다. 그릇 씻은 물을 다 모아서 조금이라도 남은 것이 있다면 마당 섬돌 위에 내려놓는다. 새나 다람쥐들 몫이다. 공양이 끝나면 두런두런 대화를 나눈다. 오늘 할 일을 서로 의논한다. 대중공사(大衆公事, 公議)를 하는 것이다. 공사가 끝나면 저마다 정해진 일터로 간다. 콧노래를 부르며 즐겁게 노동한다.

발우공양 하는 사람들
밥알 하나라도 버리지 않으려는 사람들
스스로 생산해서 함께 나눠 먹는 사람들
풀밭에 물 한 바가지도 함부로 버리지 아니하는 마음 약한 사람들—
이들이야말로 인류의 미래이며 희망 아닐까? 인간답게 살아가는 우리

시대의 구도자들 아닐까? 그들 속에서 대안이 나올지 모른다. 전혀 새로운 출구가 열려 올지 모른다.

나는 이 우루벨라 숲속에서 이웃 박끄라워러 마을의 문넌 꾸마르(Munan Kumar) 군을 만났다. 그는 열일곱 살의 고등학생, 더욱 그는 내가 만난 최초의 무슬림(이슬람) 교도이다. 서툰 영어로 대화를 나누면서 우리는 금세 친구가 될 수 있었다. 야자열매를 하나 사서 그 물을 기분 좋게 나눠 마셨다. 발우공양을 실현한 것이다. 인간은 본래 이토록 순수한 것 아니던가? 이 세상에는 아직도 이런 순수 동심들이 더 많은 것 아니던가? 감각적 쾌락, 이기적 쾌락주의만 극복할 수 있다면, 이렇게 우리는 모두 친구가 될 수 있을 터인데, 바로 거기서 병든 문명을 벗어날 수 있는 새 출구를 찾을 수 있을 터인데. 죽음의 운명도 넘어설 수 있을 터인데—.

붓다는 성공할 것인가?
이 숲속에서 과연 붓다는 성공할 것인가?
병든 문명, 병든 자본주의를 넘어서서 인류는 전진할 수 있을 것인가?
설렘으로 가슴이 떨려온다.

삶을 삶으로 보고 죽음을 죽음으로 보고

___ 보드가야에서 열리는 불사(不死)의 길

눈부신 광명의 터 보드가야

청명한 아침 시간, 햇살을 받으며 보드가야 대탑을 찾았다. 수많은 사람들― 순례자들·티베트 스님들·티베트 불교도들·펄럭이는 만국기들, 솟아오르는 흥분으로 발걸음이 빨라진다. 뭔가 심상치 않은 일이 일어날 것만 같다.

성도의 땅 보드가야(Bodhgaya)는, 지명에서 드러나는 바와 같이, 가야(Gaya, 伽倻)에 속하는 작은 마을이다. 고행지 우루벨라의 한 마을로 보면 좋을 것이다. 현재로는 비하르 주(州) 가야 시(市)에서 남쪽 약 11킬로미터 지점에 위치해 있다. 동쪽으로 화로구 강의 지류 네란자라 강을 건너면 우루벨라 고행림이 있고, 조금 떨어져 고따마가 성도 직전에 먼저 올랐던 전정각산(前正覺山, Prag Bodhigiri)·유영굴(遺影窟)이 있고, 북으로 가야 시 방향 왼쪽으로 상두산(象頭山, Gayasirsa)이 바라보인다.

보드가야는 가장 장엄하고 화려한 불교 성지로, 보리도량—깨달음의 성지로 평가되고 있다. 거대한 성지촌(聖地村)을 형성하고 있다고 할까. 보리도량의 중심은 단연 마하보리 대탑(Maha-Bodhi Temple)이다. (외형이 50미터의 높은 탑 모양으로 조성되었기 때문에 대탑으로 불린다. 이 대탑 안에는 고따마가 대각을 이룬 자리, 곧 金剛寶座가 있다. 이 대탑은 기원전 250년경 아쇼까 대왕에 의하여 초창된 것으로 알려져 있다) 그리고 대탑 서쪽에 연접해 있는 성수(聖樹) 보리수, 그 왼쪽 성도 후 붓다가 첫발을 내딛은 불족석(佛足石)이 있다. 대탑 주변에는 수많은 유적들이 창연한 고색(古色)을 발하고 있다. 대각 후 일곱 이레 동안 명상하고 경행하던 곳들, 연꽃 대좌·라뜨나그라하(Ratnagraha) 사당·반얀 나무(Bunyan-tree)·무찰린다(Mucalinda) 용왕 못·라자야따나(Rajayatana) 나무, 그리고 두 상인 따뿌싸(Tapussa)와 발리까(Bhalika)가 처음으로 공양 올리던 사끄라(Sakra) 호수, 보드가야는 실로 살아 숨쉬는 보배 창고이다.

기원전 589년, 고따마가 35세의 젊은 나이로 크게 깨달은 이후, 보드가야는 성도 성지(成道聖地)로서 영광의 땅이 되고 수많은 순례자들이 모여

•••
그대 보는가?
눈앞 가득히 열려오는 저 찬란한 새벽빛을.
그대 아는가?
이 세상에 부처님 오시는 것을.
그대 듣는가?
'그대들은 이미 깨달아 있느니—'

「보드가야의 마하보리 대탑—기원전 589년, 납월(12월) 8일 첫새벽, 35세의 수행자 여기서 크게 깨닫고 성도(成道) 붓다가 되다. 이 절 안에 정각 이룬 금강보좌가 있고 서쪽에 보리수와 불족석(佛足石)이 있다.」

들었다. 기원전 250년경 아쇼까 대왕은 금강보좌 위에 대탑-마하보리사를 우뚝 세우고 코끼리 머리의 석주를 건립하였다.

거대하고 장엄한 보드가야

드높은 마하보리 대탑 · 금강보좌 · 하늘 뒤덮은 보리수-

보드가야는 실로 장엄하고 거룩한 모습으로 빛나고 있다. 도처에서 뿜어 나오는 광명으로 순례자들은 눈부시다.

붓다는 이렇게 깨달았다

(수자따의 공양을 받고) 단단한 음식을 먹고 기력을 회복하게 되었을 때, 바로 그때 감각적 쾌락으로부터 벗어나고 건전하지 못한 상태에서 벗어나, 나는 초선(初禪)에 들어가 머물렀다. 거기서 내 마음은 잘 적응되고 기운이 나고 쾌락으로부터 벗어난 환희와 즐거움을 누렸다. 그러나 내 속에 일어난 그런

· · ·

보리수여, 거룩한 깨달음의 나무여
죽고 나고 죽고 나기 2천 6백여 년
이제 그대의 잎 하나하나가 빛나고 있습니다.
만국기가 빛나고 있습니다.
순례자들의 얼굴얼굴이 빛나고 있습니다.
지친 삶, 병든 문명의 출구가 열려 옵니다.

「보드가야의 보리수-Bo-tree- 대탑 서쪽에 있다. 그 안에 불족석(佛足石)이 있다.」

기쁜 느낌이 내 마음을 온전히 꿰뚫지는 못하였다.

잘 적응되고 기운이 난 마음을 고요히 간직한 채 나는 이선(二禪)에 들어가 머물렀다. 거기서 마음의 환희는 사라졌다. 나는 삼선(三禪)에 들어가 머물렀다. 거기서 기쁨과 고통의 생각을 놓아버렸다. 이제 나는 사선(四禪)에 들어가 머물렀다. 그러나 내 속에 일어난 그러한 기쁜 느낌이 내 마음을 온전히 꿰뚫지는 못하였다.

마음 집중하여 내 마음이 깨끗해지고 밝아지고 더러움을 벗어나고 온전해지고 부드러워지고 다루기 쉬워지고 흔들림 없어지고 고요함에 이르렀을 때, 나는 내 마음을 과거 생을 기억하고 아는 대로 돌이키고, 나는 첫 번째 태어남·두 번째 태어남 등 수많은 나의 전생을 기억해냈다. —

이것이 그날 밤 최초의 관찰을 통하여 내가 획득한 최초의 진정한 앎(knowledge)이었다(宿命通, 저자 주). 근면하고 열정적이고 결의에 차 있는 사람에게 일어나는 것과 같이, 무지(無知)는 사라지고 진정한 앎이 생겨났고, 어둠은 사라지고 빛이 생겨났다. 그러나 그러한 즐거운 느낌이 내 마음을 온전히 꿰뚫지는 못하였다.

이와 같이, 나는 내 마음을 모든 존재들의 소멸과 재현(곧 윤회, 저자 주)에 대하여 아는 대로 돌이켰다. 이렇게 순화되고 인간적인 것을 넘어서는 신성한 눈(天眼)으로, 나는 모든 존재들의 윤회하는 모습들, 혹은 열등하고 혹은 우월하게, 혹은 아름답게 혹은 추하게, 혹은 다행하게 혹은 불운하게 윤회하는 모습들을 보았다. 이렇게 해서 나는 모든 존재들이 그들의 업에 따라 어떻게 윤회하는가를 이해하게 되었다.

이것이 그날 밤 두 번째 관찰을 통하여 내가 획득한 두 번째의 진정한 앎이

'이것은 고통이다.

이것은 고통의 생겨남이다.

이것은 고통의 소멸이다.

이것은 고통 소멸의 8가지 길이다.'

「보드가야의 불족석(佛足石)―진리의 각인」

었다(天眼通, 저자 주). 그러나 이러한 즐거운 느낌이 내 마음을 온전히 꿰뚫지는 못하였다.

마음 집중하여 내 마음이 깨끗해지고 밝아지고 더러움을 벗어나고 온전해지고 부드러워지고 다루기 쉬워지고 흔들림 없어지고 고요함에 이르렀을 때, 나는 내 마음을 번뇌는 어떻게 소멸되는가 하는 문제를 아는 대로 돌이켰다. 나는 곧바로 그것(번뇌의 소멸)을 있는 그대로 알았다(漏盡通, 저자 주).

'이것은 고통이다.
이것은 고통의 생겨남이다.
이것은 고통의 소멸이다.
이것은 고통의 소멸로 이끄는 길이다.'

내가 이와 같이 알고 이와 같이 보게 되었을 때, 내 마음은 감각적 쾌락의 번뇌로부터 벗어났다, 존재의 번뇌로부터 벗어났다, 그리고 무지(無明)의 번뇌로부터 벗어났다. 이렇게 벗어났을 때, 나는 곧 알아차렸다. '해탈이다.' 나는 즉시에 깨달았다.

'윤회의 삶은 끝났다.
깨끗한 삶은 실현되었다.
닦아야 할 것은 모두 닦았다.
이제 더 이상 어떤 재생(再生)도 없다.—'(MN. 1,250)

4제 8정도가 유일한 길

'깨달음이란 무엇일까?

깨달음은 어떻게 얻는 것일까?

붓다께서는 어떻게 큰 깨달음 이루신 것일까?

나는 지금 어떻게 수행해야 하나? 간화선일까? 위빠사나일까?…'

20대 후반 우연찮은 계기로 발심한 나는 이렇게 끊임없이 생각하며 깨달음을 추구해 왔다. 깨달음만이 불교의 생명이며 내 생명이라고 믿었기 때문이다. 그래서 1970년 동덕여고 불교반에서 펴내기 시작한 작은 책자의 이름도 '보리-Bodhi', 곧 '깨달음'으로 한 것이다. 그럼에도 불구하고 명료한 해답을 들을 수 없었다. 8만 4천 법문이 되레 미로 같은 장애로 느껴지기도 했다. 그러면서 나는 표류해 왔다. 수십 년 끊임없이 길을 찾아 헤맸다고 할까? 불교 주변에 있는 많은 대중들도 이 비슷한 상황 아닐까?

오늘 아침 보드가야에 섰다. 햇빛 쏟아지는 보드가야 보리수 그늘 아래 섰다. 문득 붓다의 음성이 들려온다. 기원전 589년, 이제 막 대각을 실현한 서른다섯 청년 붓다의 활기찬 목소리가 진동하며 들려온다.

'이것은 고통이다.

이것은 고통의 생겨남이다.

이것은 고통의 소멸이다.

이것은 고통 소멸의 길이다.'

• • •
재산인가? 명예인가?
몸인가? 마음인가?
하늘인가? 땅인가?
신(神)인가? 부처인가?
사랑하는 사람과의 약속인가?
대체 영원한 것은 무엇인가?

「보드가야의 사끄라 호수, 그리고 연꽃」

4제, 4제 8정도,

'그렇구나, 4제 8정도가 길이구나. 8정도가 깨달음에 이르는 바른 길이 구나. 그래서 정도(正道)라고 일컫는구나. 붓다가 성도(成道)하였다, 깨달음의 길을 이루었다고 하는 것은 곧 이 8정도를 드러내 보였다는 뜻이구나.'

실로 그런 것이다. 이 8정도가 붓다가 확립한 깨달음의 길이다. 유일한 길, 이 8정도는 만고불변이다. 이 길을 부정하면, 그것은 이미 불교가 아 닐 것이다. 붓다-담마가 아닐 것이다. 이 8정도에 입각하지 아니하면, 그 것은, 무엇이든, 곧 외도(外道)일 것이다.

어느 때, 사밧티 숲절(Jetavana, 기원정사)에서, 붓다는 5백 명의 수행자 들에게 이렇게 설하고 있다.

8정도가 최상의 길이요
4제가 가장 훌륭한 진리라네.
욕망을 벗어나는 것이 최선의 상태이고
볼 수 있는 눈을 가진 사람이 인간 가운데 으뜸이라네.

오직 이 길뿐이다.
그 어디에도 맑고 깨끗한 눈으로 이끄는 다른 길은 없느니
그대들은 마땅히 이 길을 따르라.
그러면 마라(Mara, 惡魔)를 어리둥절하게 할 수 있으리.
그대들은 마땅히 이 길을 따르라.

그러면 고통의 끝을 보리라.

나는 이 길로써 번뇌의 화살을 뽑을 수 있었기에

그대들에게 이 길을 보여주는 것이다.

그대들 스스로 힘써 노력하라.

여래는 다만 길을 보여줄 뿐

누구든지 마음집중과 내적 관찰을 수행하면

마라의 묶임에서 벗어나리라.'(『법구경』 273-276 게송)

이 설법을 듣고 5백 명의 수행자들이 즉시 눈뜨고 아라한이 되었다.

삶을 삶으로 보고 죽음을 죽음으로 보고

깨달음이란 무엇인가?

곧 '이와 같이 보는 것'이다. '이와 같이(如是)'란 무엇인가? 곧 '있는 그대로', '여실(如實)히', 이런 뜻이다. 따라서 깨달음이란 곧 있는 그대로, 여실히 보는 것이다. 여실지견(如實知見)하는 것이다 그래서 붓다는 끊임없이 '와서 보라' '눈뜨고 보라', 이렇게 설하고 있는 것이다. 깨달은 자[覺者]를 '눈뜬 이'로 표현하고 '볼 수 있는 눈을 가진 사람이 인간 가운데 으뜸이라'고 설하는 것도 아마 이런 이치를 드러내는 것일 것이다.

무엇을 본다는 것일까?

무엇을 있는 그대로 본다는 것일까?

곧 이 마음을 보는 것일 것이다. 이 몸·이 느낌과 이 생각·안팎의 모든 존재와 현상들— 삶과 죽음·고통과 행복·산과 물·하늘 땅… 우리 마음의 투사물인 이 모든 것들, 제행(諸行)·제법(諸法)을 있는 그대로 여실히 보는 것일 것이다. 그리고 4제 8정도의 담마를 여실히 보는 것일 것이다.

보다 구체적으로 말하면, 우울증·불화·신병·죽음·궁핍·사회적 불평등 등 우리가 직면하고 체험하는 개인과 사회, 안팎의 모든 고통과 문제들이 본질적으로 우리 마음의 산물·번뇌의 산물—쌓임〔集起〕이라는 연기(緣起)의 이치를 있는 그대로 관찰하는 것이다. 그리고 우리 마음-번뇌를 소멸할 때 이 모든 고통-문제들이 소멸된다는 연기의 이치를 있는 그대로 관찰하는 것이다. '몸을 몸으로 보고… 삶을 삶으로 보고 죽음을 죽음으로 본다'는 것이 바로 이렇게 보는 것 아니겠는가?

붓다는 죽음까지 4제 8정도의 대상으로 삼고 있다. 죽음의 공포-고통까지 우리 마음의 산물-번뇌의 산물이라는 실상을 통찰함으로써 죽음으로부터 근원적으로 해탈할 수 있는 길을 열어 보이고 있는 것이다. 이것은 붓다가 문제삼는 죽음-생사(生死)는 죽음이라는 자연 현상 그 자체가 아니라는 것을 의미한다. 죽음이라는 자연 현상을 보고 공포와 고통을 느끼고 이것으로부터 회피하려고 천당·지옥·영생·심판 등 온갖 허상을 조작해 내는 인간의 무지(無知, 無明), 죽음에 대한 무지, 붓다는 바로 이 무지, 우리들의 어둔 의식(意識, 無明識) 그 자체를 문제삼는 것이다. 이것은 붓다가 죽음의 문제를 해결해 가는 십이연기(十二緣起)의 첫머리를 '무명

(無明)', 곧 무지(無知)로부터 시작하고 있는 데서도 분명히 드러나고 있는 것이다.

죽음이란 무엇일까?

그것은 실로 앎(知, knowledge)의 문제 아닐까? 이해의 문제 아닐까? 본질적으로 의식(意識)의 문제 아닐까? 어리석어 잘 이해하지 못하는 자에게는 죽음이 공포와 회피의 대상이겠지만, 그래서 천국·영생에 매달리는 것이겠지만, 밝은 눈으로 여실히 보고 분명히 이해하는 눈뜬 이들에게 그것은 한갓 스쳐가는 서쪽 바람 아닐까? 그래서 붓다는 '보드가야 깨달음의 회고'에서, '나는 알았다' '나는 있는 그대로 알았다' 이렇게 토로하고 있는 것 아닐까? 이것은 얼마나 놀라운 발상의 전환일까? 얼마나 신명나는 인류 운명의 일대 개벽일까? 아니, 우리 인생의 일대 개벽일까? 죽음을 '사망' '멸망'으로 규정하지 않고, 그래서 공포에 떨면서 천국·영생을 구걸하지 않고, 죽음을 무지의 산물로 관찰하고, 그래서 죽음이 본래 없는 해탈의 세계를 추구하고— 이것이야말로 진정 인류 정신사의 일대 개벽 아닐까?

8정도, 4제 8정도,

그래, 이것은 무지를 소멸시키는 길이야. 우리들의 번뇌를 소멸시키는 길, 어둔 의식을 소멸시키는 길, 있는 그대로 볼 수 있는 유일한 길이야. 우리는 이 8정도를 통하여, 죽음을 포함한 안팎의 모든 문제들, 개인과 사회의 고통-문제들의 원인과 치유법을 분명히 이해할 수 있고 치유할 수

. . .
죽음이란 무엇일까?
사망(死亡)일까? 죄(罪)일까? 업보(業報)일까?
죽음이란 무엇일까?
무지(無知) 아닐까?
'나' '나의 것'이라는 고정관념이 빚어낸 착각 아닐까?

「보드가야, 어둠을 뚫고 솟아오르는 아침해」

있는 거야.

그래, 8정도의 가르침 따라 열심히 살아가면, 우리도 부처님같이 깨달을 수 있어. 사밧티의 5백 대중들같이, 우리도 죽음으로부터 해탈할 수 있어. 더 이상 죽음 두려워하지 않고 기쁜 마음으로 멋있게 살아갈 수 있어. 맑고 깨끗한 불사(不死)의 삶을 실현할 수 있어ㅡ

햇빛 쏟아지는 보드가야
우뚝 솟은 마하보리 대탑
하늘 가리는 보리수 · 금강보좌ㅡ

그는 성공한 것이다. 붓다는 여기서 마침내 성공, 성도한 것이다. 8정도의 큰 길을 연 것이다. 발우공양의 큰 길을 연 것이다. 병든 문명 · 병든 자본주의를 넘어서서 전진할 수 있는 길을 연 것이다. 집단 광기를 근원적으로 치유할 수 있는 불사(不死)의 길을 연 것이다. 보드가야 광장에 만국기가 신명나게 펄럭이고 있다. 마하보리 대탑 정상에 불사(不死)의 깃발이 우람하게 펄럭이고 있다. 자, 이제부터 새 인생이다. 새 역사다. 새로운 출발이다.

다들 이미 깨달아 있는데

동강난 석주, 강에 버려진 진신사리

강가 강(갠지스 강)의 새벽바람을 몰고 찾아온 초전법륜(初轉法輪)의 땅, 사
르나트, 사슴동산, 다메크-스뚜빠가 미소하며 순례자들을 맞이한다. 장대
한 스뚜빠의 몸무게에 압도되었는가, 그들은 입을 다물고 다만 스뚜빠 주
위를 맴맴 돌고 있다.

　사르나트(Sarnath)는 바라나시 북쪽 약 8킬로미터 지점에 위치한 평화로
운 작은 마을이다. 바라나시는 강가 강이 크게 돌아 남에서 북으로 흐르는
강가 강의 중심 도시이며 옛부터 유서 깊은 성지로서 현재에도 순례자들의
발길이 끊이지 않고 있다. Sarnath라는 지명은 Saranganatha(Lord of the
Deer), 곧 '사슴의 왕'이란 데서 유래한다. 불전에서는 이곳이 미가다야
(Migadaya), 사슴동산[鹿野苑]이라고 기록되고 있다. 또는 이시빠따나
(Isipatana, 仙人他處, 선인들의 주처)로 알려져 있기도 하다.

69

···
'친구들이여, 내 말을 들어라.
나는 중도(中道)를 깨달았다.
나는 불사(不死)를 얻었노라.
친구들이여, 여기 와서 내 말을 들어라.
그대들도 모두 불사를 얻으리.'

「바라나시 근교 사르나트의 사슴동산, 다메크-스뚜빠(初轉法輪塔) - 기원전 589년, 붓다가 처음으로 '중도(中道) 담마(法)를 선포하다.」

사르나트의 가장 대표적인 유적은 사슴동산에 우뚝 솟은 44미터 높이의 다메크 스뚜빠(Dhamekh-Stupa)이다. 이 스뚜빠는 마우리아 왕조 시대 점토와 벽돌의 원형으로 초창되고, 굽타시대에 아름다운 장식 무늬 돌로 덮어씌운 것이다. Dhamekh의 의미에 관해서는 여러 가지 주장이 제기되어 왔으나, 최근 발굴된 진흙 명문판에 Dhammaka라는 봉헌 굴자가 발견됨으로써, 이 스뚜빠가 전법륜탑(轉法輪塔)으로 그 정체가 규명되었다. Dhammaka는 Dhamma-Cakka, 곧 법륜(法輪)-법 바퀴를 의미한다.

따라서 사르나트가 초전법륜의 땅이란 사실이 확인되었다. 여기가 첫 전도지임이 분명하다. 기원전 589년, 35세의 청년 붓다는 바로 이 사슴동산에서 다섯 고행자들 앞에서, '나는 중도(中道)를 깨달았다, 중도란 무엇인가? 곧 8정도가 그것이다', 이렇게 선포한 것이다. 그것이 역사적인 '바라나시의 초전법륜 사건'이다.

이러한 사실은 사슴동산 서쪽에 있는 아쇼까 대왕의 석주에 의해서도 입증되고 있다. 기원전 250년에 세워진 이 석주는 본래 높이 15미터, 직경 71센티미터의 장대한 탑이었으나, 1194년 이슬람의 쿠트-우드-딘(Qutb-ud-Din) 장군에 의하여 파괴되고, 현재 높이 약 2미터의 기단부와 기둥머리에 안치됐던 사자상만 남아 있다. 네 마리 사자가 동서남북 사방을 향하여 포효하는 이 사자상은 곧 전법륜(轉法輪)의 상징으로서, 이것은 붓다와 불교도들이 두려움 없는 용기와 자비로 몸을 던져 진리-바퀴를 굴리고 온 세상 중생들, 고통 받고 두려워하는 생명들을 구출해 내려는 붓다 정신, 불교 정신을 나타내는 것이다. 이 사자상은 인도 공화국의 국기 문양으로 펄럭이고 있다.

아쇼까 대왕 석주 남쪽 30미터 지점에 또 하나의 대탑인 다르마라자까 스뚜빠 터가 있다. 아쇼까 대왕에 의하여 초창된 이 스뚜빠의 원형은 높이 약 13미터로 다메크 스뚜빠와 쌍벽을 이루었으나, 1794년 바라나시 왕의 지방장관 자갓 씽에 의하여 무참히 파괴되고 흔적만 남아 있다. 이때 이 스뚜빠에서 붓다의 진신사리가 발견되었으나, 씽이 강가 강에 던져버리고, 현재 사리함만 남아 있다. 여기서 출토된 초전법륜 불상은 인도 미술을 대표하는 굽타시대의 최고 걸작품으로서, 현재 인도박물관에 보전되어 있다.

니그로다 황금사슴의 헌신사건

어느 때 바라나시 근교 동산에 니그로다라고 불리는 황금빛 사슴 왕이 천 마리의 사슴 무리를 거느리고 평화롭게 살고 있었다. 그러나 바라나시의 브라흐마닷따 왕이 사슴 고기를 좋아하여 사냥을 나오면서 이 동산의 평화는 공포와 혼란으로 뒤바뀌고 말았다. 두려워 떨면서 사슴들은 사냥을 피하여 이리 저리 내달렸다. 화살에 맞아죽고 서로 부딪쳐 죽고―

니그로다 사슴 왕은 무리들을 모아놓고 의논한 끝에, 사슴 쪽에서 미리 차례를 정하여 하루 한 마리씩 왕의 도살장으로 나가기로 하였다. 남아 있는 무리들은 차례를 기다리면서도 당당하게 살아가고 있었다.

어느 날, 새끼 밴 암사슴의 차례가 왔다. 이것을 안 니그로다 황금사슴이 나섰다.

"오늘은 그대를 대신하여 내가 가겠소. 그대는 새끼를 잘 기른 다음 천천히

• • •

'황금사슴이여, 그대와 새끼 밴 암사슴을 살려주마.'
'왕이시여, 그럼 다른 짐승들은 어찌합니까?'
'좋다, 그들도 살려주마.'
'왕이시여, 하늘 나르는 새들, 물고기는 어찌 합니까?'
'좋다, 그들도 모두 살려주마.'

「바라나시 사슴 동산의 푸른 숲, 사슴들이 전설처럼 달려 나온다.」

오시오"

시간에 맞춰 도살장에 온 황금사슴을 보고 왕은 의아해하며 물었다.

"그대의 차례가 아니지 않은가?"

"왕이시여, 오늘은 새끼 밴 암사슴을 위하여 제가 대신 왔습니다. 저를 잡아
식사하십시오."

"아니다. 그대를 해칠 생각은 없다. 오늘은 사슴 고기를 먹지 않겠다. 그대와
암사슴을 살려줄 것이니 돌아가라."

"왕이시여, 저희 둘은 살아난다 할지라도 다른 사슴들은 어찌하시겠습니까?
그들도 잡혀 죽을 것이 아닙니까?"

"좋다, 그대 사슴의 무리들을 모두 살려주리라."

"왕이시여, 다른 짐승의 무리들은 어찌 하겠습니까?"

"좋다, 그들도 살려주리라."

"왕이시여, 하늘 나르는 새들은 어찌 하겠습니까?"

"좋다, 그들도 살려주리라."

"왕이시여, 물 속의 고기들은 어찌 하겠습니까?"

"착하고 착하구나. 니그로다여. 그대는 짐승이건만 어찌 사람들보다 더 자비
롭단 말인가?

좋다, 그들 모든 생명을 살려주리라." (Jataka 12)

불법의 적적대의(的的大義)가 무엇인가

이슬람 침략자에 의하여 동강난 아쇼까 대왕의 석주

이교도에 의하여 무참히 파괴된 스뚜빠

강가 강에 버려진 붓다의 진신사리―

초기불전을 통하여 관찰할 때, 사르나트-사슴동산은 운명적으로 수난과 희생의 땅인지 모를 일이다. Jataka-『본생경』의 '황금사슴 니그로다의 헌신사건'은 바라나시의 이런 아픈 정신사를 예언하고 있는 것은 아닐까?

붓다는 왜 바라나시 사슴동산에서 첫 설법을 했을까?

수많은 성지를 다 제쳐놓고 니그로다 황금사슴의 오랜 전설이 얽혀 있는 이 사르나트를 초전법륜의 땅으로 선택한 것은 무엇 때문일까?

이 사르나트 사슴동산에서 중도-8정도를 설하고 무아(無我)를 설하고, '전법하러 떠나가라'고 부촉한 것은 무엇 때문일까?

중도란 무엇일까?

8정도란 무엇일까?

무아란 무엇일까?

'내가 없다'니 이게 무슨 터무니없는 말일까?

깨달음은 대체 어떻게 사는 것일까?

이제 그 대답은 단순 명료한 것으로 보인다.

그것은 곧 내 몸을 던지는 것이리라. 몸을 던져 헌신 봉사하는 것, 죽어가는 동포를 위하여 내 몸을 대신 내놓는 것, 먹이를 나눠 굶주린 이들을 살려내는 것이리라. 위험을 무릅쓰고, 두려움을 떨치고 일어나, 사슴왕같이, 당당하게 내 귀한 것을 함께 나누는 것, 적십자 앞에 줄을 선 헌혈자들같이, 한줌 피를 나누는 것이리라. 이것 말고 또 무슨 깨달음, 8정도가 따로 있을까?

'내 한 줌 피로 죽어가는 이 동포를 살려야지.'

이 작은 깨달음 말고 대각(大覺)이 어디 있을까?

확철대오, 한소식이 어디 있을까? 여실지견(如實知見)이 어디 있을까? 돈오돈수가 어디 있을까?

'불행한 이웃 동포를 대신하여 내 몸을 던져야지.'

이 작은 생각 아니라면, 발심이 뭘 하자는 것일까? 발심수행이 뭘 하자는 것일까? 참선·위빠사나가 뭘 하자는 것일까? 깨달음이 뭘 하자는 것일까? 장좌불와·면벽 9년이 뭘 하자는 것일까? 그동안 우리는 얼마나 많이 엉뚱한 짓 하면서 허송세월해 왔을까? 번쩍 한소식 하기를 기다리면서 아까운 인생 낭비해 왔을까? 그동안 우리는 얼마나 많이 헛소리, 큰 소리에 속아왔을까? 허위의식에 사로잡혀 왔을까?

용기 있는 헌신

문득 내 몸을 던지는 것

죽음의 공포를 참고 이기며 몸을 함께 나누는 것—

이것이 바로 8정도 아닐까?

이것이 바로 무아 아닐까?

이것이 삶을 삶으로 보고 죽음을 죽음으로 보는 것 아닐까?

그밖에 또 무엇이 더 있다는 걸까?

십 년 이십 년 앉아서 찾아야 할 무엇이 더 남아 있다는 걸까?

8정도에 관해서 해설이 많지만, 중요한 것은 8정도에서 다음 2가지 근본정신을 읽어내는 안목으로 보인다. 하나는 헌신봉사하는 것이고 다른 하나는 마음집중하는 것이다. 헌신봉사와 마음집중, 곧 보시와 참선, 이 두 가지 정신이 8정도의 삶을 견인해 내는 근본정신이다. 수레의 두 바퀴 같은 것이라고 할까?

보시와 참선은 함께 굴러가는 동시적 삶이지만, 굳이 순서를 따진다면, 보시가 선행한다고 할 것이다. 그래서 초기경전에서 붓다는 계(戒)-정(定)-혜(慧)의 삼학(三學)을 설하고, 대승에서 6바라밀의 첫머리에 보시바라밀을 시설하고 있는 것이 아닐까? 보시바라밀이야말로 마하반야바라밀 아닐까? 헌신봉사하는 보살의 삶이 없는 마하반야바라밀은 한갓 허망한 공(空)놀음 아닐까? 『화엄경』에서 보현행원으로 회향하고 있는 것도 바로 이 도리를 드러내려는 것 아닐까?

'불법의 적적대의(的的大義)가 무엇인가?'
곧 이 몸을 던지는 것이리라.

• • •
중도란 무엇일까?
정도란 무엇일까?
무아란 무엇일까? 내가 없다니-
친구들, 저기 보시오. 팔을 걷어붙이고 헌혈하는 사람들
사랑의 리퀘스트 다이얼 돌리는 떨리는 손길들-

「바라나시 사슴동산의 초전법륜상-대좌 중앙에 법륜이 돌아가고, 5수행자가 경청하고, 사슴이 달려나 오고-」

79

아무 생각 없이, 문득 이 몸을 던지는 것이리라.

불법의 적적대의, 그것은 생사해탈도 아니고, 다시 태어나지 않는 것도 아니고, 칼이 목에 들어와도 꿈쩍하지 않는 것도 아니고… 다만 문득 이 몸을 던져 함께 나누는 것, 평범한 일상의 삶 속에서, 내 조그마한 것들을 던져 함께 나누는 것, 이것 없이는 참선도 없고 견성 해탈도 없는 것이리라.

다들 이미 그렇게 살고 있는데

1996년 1월 초,

나는 집사람의 병으로 여의도 어느 병원 중환자실을 지키고 있었다. 낮에는 중환자실 밖에서 서성거렸고 밤에는 지하의 가족대기실에서 전화벨 소리를 기다리며 새우잠을 자곤 했다. 전화벨 소리를 기다린다고 했지만, 사실은 그 벨소리가 나를 찾는 신호가 아니기를 빌고 있었다. 한밤에 걸려 오는 전화는 흔히 죽음을 통고하는 절차가 되기 때문이다. 전화 벨소리가 이렇게 두려운 것인 줄은 정말 몰랐다.

그때 집사람은 재생불량성 빈혈이라는 매우 어려운 병으로 시간을 다투고 있었는데, 제일 급한 것이 혈액을 구하는 일이었다. 피를 응결시키는 혈소판이 시시각각 줄어드는 증상이기 때문에, 새 혈액을 구하지 못하면 죽는 것이다. 적십자의 헌혈을 받아쓸 수도 있지만, 큰 수술을 앞두고 직접 헌혈 받는 것이 뭣보다 중요하였다. 그것도 가족들의 혈액은 피하는 것이 좋았다.

피를 구하기 위하여 온 가족들이 나섰다. 집 아이들의 친구들과 청보리회 회원들을 대상으로 같은 혈액형을 찾고, 그렇게 해서 찾은 친구들에게 부탁하고 연락을 취하는 일에 생명을 걸었다. 여러 친구들이 기꺼이 팔을 걷어붙였다. 그 중에서도 우리 법회의 한지호 군과 박원석 군은 거의 일주일마다 피를 뽑아 주었다.

투병이 마지막 단계에 이르자 수혈이 더욱 긴박해졌다. 주말이 되자 혈소판은 급격히 줄어드는데, 적십자 헌혈도 구할 수가 없었다. 위태로운 지경이 되었다. 하는 수 없이 또 지호 군에게 긴급 메시지를 보냈다. 그런데 이건 보통 무리가 아니었다. 지호 군도 그때 상태가 좋지 못해서 치료를 받고 있었고, 담당의사가 헌혈 불가를 지시하고 있었다. 그러나 내 사정이 하도 급박해서 안면 무릅쓰고 연락을 한 것이다. 지호 군이 달려왔다. 사정을 듣고는 두말없이 팔을 걷었다. 자신의 위험을 돌보지 않고, 얼굴이 창백한 상태에서, 헌혈 일주일이 채 안 된 위험을 무릅쓰고, 다시 팔을 걷어붙인 것이다. 이렇게 해서 집사람은 처음으로 지호 군의 피를 받고 또 마지막으로 그의 피를 받고 갔다.

거대한 다메크 스뚜빠를 바라보며, 그때 니그로다 황금빛 사슴왕을 생각한다. 동강난 석주를 바라보며 사방을 향하여 포효하는 사자의 용기를 생각한다. 강에 버려진 붓다의 진신사리를 생각하며 분노와 슬픔으로 떨려오는 전율을 느낀다. 그러면서 나는 묻고 있다.

나는 무엇을 내 놓고 있나?

동포를 위하여 귀한 내 무엇을 함께 나누고 있나?

말뿐인가? 생각뿐인가? 화려한 수사(修辭)뿐인가?

나는 얼마나 가식적인가? 얼마나 이기적인가?

그러면서 아는 체하고 깨달은 체 태연하고 생각 생각만 늘어놓고

저 다메크-스뚜빠 돌 듯, 내〔自我〕 주변을 맴맴 돌기만 하고.

피를 나누는 사람들

재산을 나누는 사람들

기쁨 슬픔을 나누는 사람들

다들 그렇게 살고 있는데

다들 한지호 군같이, 이미 그렇게들 살고 있는데

깨달음은 이렇게 조그마한 보통 사건인데

불사(不死)는 바로 이것인데.

바라나시 사슴동산

거대한 다메크 스뚜빠—사방 사자

어느새 사슴들이 몰려와서 나그네를 보고 고개를 끄덕이고 있다.

• • •

'이 뭐꼬—

돈오돈수가 무엇인가?

불법의 적적대의가 무엇인가?

친구들, 언제까지 이렇게 참선 맛에 매달리지 마시오.

사자처럼 벌떡 일어나 이 세상으로 내달리시오.

피 한 방울, 눈물 한 방울—

거기 기다리는 사람들 많습니다.

「바라나시 사슴동산, 아쇼까 대왕 돌기둥의 4사자상—붓다의 사자후가 동서남북 전세계로 울려 퍼진다.」

폐허 속에 불씨(佛種子)는 다시 살아나고

___ 라자가하의 푸른 대나무들

왕사성 옛터, 대숲절은 무심하고

하늘 푸른 아침, 콧수염이 인상적인 꼬살 꾸마르 씨가 운전하는 관광버스를 타고 라즈기리 성문을 넘었다. 2천6백여 년 전, 붓다와 천 명의 대중들이 맨발로 걸어서 들어오던 그 성문, 우리는 이렇게 넘어들어 왔다. 왕사성, 그때의 화려 번창했던 마가다의 왕도(王都), 지금 무인지경으로 텅 비어 있다. 순례자의 가슴도 텅 빈다.

라즈기리(Rajgiri)는 비하르 주의 파트나 남동쪽 102킬로미터, 가야시 북방 60킬로미터 지점에 있다. 초기불전의 라자가하(Rajagaha), 곧 마가다국의 수도 왕사성(王舍城)이 여기다. 라자가하는 꼬살라국의 사밧티와 더불어 초기불교운동의 중심지로서, 지금 이 주변에는 많은 유적들이 군데군데 오랜 역사를 간직한 채 남아 있다.

깔란다까 장자가 부지를 기증하고 빔비사라 왕이 건립하여 붓다에게 기

•••
'la, Buddha
붓다 만세, 부처님 만세!'
삶에 지친 민중들 파도처럼 밀려오고
춤추는 사람들, 환호하는 사람들, 눈물 쏟는 사람들—

「라즈기리(Rajagaha, 王舍城)의 대숲절(竹林精舍)—최초의 절터이다. 기원전 589년경, 35세의 청년 붓다
가 들어오자 빔비사라 왕과 12만 명의 시민들이 개종하였다.」

증한 최초의 사찰-대숲절(竹林精舍), 지금 거기에는 절도 없고 수행 대중들도 없다. 여기저기 작은 규모의 대나무 숲이 있어 푸르렀던 그때의 대쪽 신심을 일깨우고, 팔공덕수(八功德水)가 출렁이던 깔란다까 연못이 순례자들로 하여금 무상을 느끼게 한다.

절터 남쪽 바이바라 언덕에는 붓다가 그토록 촉망하던 제자 마하까샤빠 비구의 수행처로 알려진 돌집(Pippala stone house)이 있고, 언덕 산을 오르면 붓다 입멸 후 최초 결집을 행했던 칠엽굴(七葉窟) 빈터가 남아 있다. 바이바라 언덕 동쪽에는 붓다와 그 제자 비구들이 즐겨 찾던 온천 터가 남아 있다. 초기경전에는 붓다가 노년에 이르러 심한 신경통 등 질병을 치유하기 위하여 이 온천을 자주 찾았다는 기록이 남아 있다. 이때 붓다의 병을 돌보았던 의사 지바까의 망고동산도 남아 있다. 근교에는 독수리봉도 있고 데바닷따의 석실도 남아 있다.

···

'Buddham saranam gachami(붓담 사라남 가차미)
목숨 바쳐 부처님께 귀의합니다.'
우리에게 이런 믿음 있는가?
저 대쪽같이 푸르른 신심 내게 있는가?

「라즈기리 대숲절의 푸른 대나무-2천 6백여 년 전의 그 대나무가 지금도 이렇게 푸르다.」

기원전 589년, '마가다의 대개종 행진사건'

기원전 589년 말과 588년 초,

이 몇 달 사이 마가다에서는 인류사에서 일찍 보지 못했던 큰 사건이 진행되고 있었다. 35세의 청년 붓다가, 우루벨라에서 라자가하까지, 천 명의 성중(聖衆)을 이끌고 일대 전향(轉向) 운동—개종운동을 전개하고 있었던 것이다.

"수행자들아, 전법하러 떠나가라.

많은 사람들의 이익과 행복을 위하여—

나도 법을 전하기 위하여 우루벨라의 세나니가마로 가리라." (SN 4. 15)

바라나시 사슴동산에서 대중들에게 이렇게 '전법선언'을 행한 붓다는 자기 스스로 앞장서 법을 전하러 떠나갔다. 고행지 우루벨라로 다시 돌아간 붓다는 당시 최대의 교단을 지배하고 있던 배화교도 까사빠 3형제의 무리 속으로 뛰어들어갔다. 붓다는 목숨을 걸고 이들과 경쟁한 끝에 마침내 승리를 거두고 까사빠 천 명의 무리를 구원하였다. 붓다 전법운동이 최초의 대성공을 거둔 것이다.

붓다는 새로 전향한 이들 천 명의 대중을 이끌고 라자가하로 행진하기 시작하였다. 붓다가 천 명의 성중을 이끌고 우루벨라로부터 60킬로미터의 대로를 행진하여 라자가하 근교 라티 동산(현재 Jethian)에 도착했을 때, 빔비사라 왕과 12만 명의 시민들이 몰려나왔다. 그러나 그들은 어리둥절하였다. 35세의 청년 붓다와 그 옆에 서 있는 백발성성한 노(老)까사빠— '도대체 누가 스승이란 말인가?' 이때 백발의 우루벨라-까샤빠는 수많은 사람들이 보는 앞에서 붓다 앞에 무릎 꿇고 이렇게 고백하였다

"세존이시여, 세존께서는 저의 스승이십니다.
저는 제자입니다.
세존이시여, 세존께서는 저의 스승이십니다.
저는 제자입니다."

이 광경을 목격하고 왕과 시민들이 비로소, 'la Buddha' '붓다 만세' ─ 이렇게 환호하며 맞이하였다. 붓다는 그들을 위하여 담마를 설하였다.

"그대들의 귀한 것들을 함께 나누어라.
계(戒)를 지켜 깨끗하게 살아라.
그리하면 하늘나라에 태어나리라─."

이 설법 끝에 빔비사라 왕을 비롯한 12만 명의 시민들이 법의 눈을 뜨고 성자(聖者, Ariya)의 길로 들어섰고, 붓다 앞에 삼귀의를 행함으로써 그들의 오랜 종교(힌두교, 브라만교)를 청산하고 불교도가 되었다.(MV. 1. 15.1─1. 22. 18)

‥‥

2006년 봄
인도에 다시 태양이 솟아오른다.
불 붙다의 태양이 다시 솟아오른다.
하층의 민중들을 중심으로
수천만의 민중들이 이 태양을 맞이하고 있다.

「라즈기리에 다시 솟아오르는 아침 해」

1956년, '나가뿌르 대개종 집회사건'

1956년 10월 14일, 일요일의 찬란한 아침

수많은 남녀 민중들이 마하라쉬뜨라 주(州)의 모든 지방으로부터 기차나 버스를 타고, 또는 수백 마일을 발로 걸어서 나가뿌르로 쏟아져 들어왔다. 그리고 그들은 흰옷을 입고 그들 스스로 의식을 준비하였다. 손에 손에 불교기를 든 흰옷의 남성과 여성들의 행렬 행렬이 딥샤-불룸 광장으로 나아갔다. 그들이 9시까지 광장에 도착하자 거대한 인간의 바다로 바뀌었다.

암베드까르 박사(Dr. R. B. Ambedkar)가 자기 부인과 비서 라뚜와 함께 언덕에 도착하자 거대한 군중들이 그들의 무관(無冠)의 제왕을 열렬히 환호하였다. 흰 실크 도티(허리천)와 흰 코트를 입고, 그는 인도 불교계의 최고 연장자이자 원로인 찬드라만 장로 스님 옆자리에 앉았다. 둘째 줄에는 인도 대각회(Maha-Bodhi Society)의 총장 발리사나와 암베드까르에 의하여 설립된 인도불교협회의 몇몇 지도자 스님들이 앉았다.

오전 9시 40분, 대개 40만 명의 수많은 민중들이 경건한 의식을 목격하였다. 꾸시나가라에서 온 80세의 찬드라만 스님이 암베드까르 박사와 그 부인에게 빠알리어로 삼귀의를 주었다. 찬란하게 빛나는 붓다의 상(像) 앞에서, 그들은 경건히 서서 3번 외웠다.

"Buddham saranam gacchami (붓다에 귀의합니다)

Dhammam saranam gacchami (담마에 귀의합니다)

Sangham saranam gacchami (상가에 귀의합니다)"

삼귀의에 이어 5계(panca-sila)가 수여되었다. 그들은 마라티 어로 똑같이 반복하였다. 그리고 그들은 손을 합장하고 붓다 앞에 세 번 절하고, 흰 연꽃을 그 앞에 올렸다. 이로써 전향의식은 끝났다. 암베드까르 박사의 불교입문이 선포되었을 때, 그곳에 있던 거대한 군중들이 환호하고 목청껏 만세를 외쳤다.

"la Buddha (붓다 만세)

la Ambedkar (암베드까르 만세)"

암베드까르 박사는 40만 명의 백의 민중들에게 이렇게 연설하였다.

"나는 1935년에 힌두교 버리는 운동을 시작했습니다. 그리고 그때부터 나는 투쟁을 계속해 왔습니다. 이 전향은 나에게 크나큰 만족과 상상할 수 없는 기쁨을 가져다 주었습니다. 나는 마치 내가 지옥으로부터 해방된 느낌을 느끼고 있습니다."

그는 그때 불교를 받아들일 준비를 하고 스탠드 위에 서있는 사람들에게 요청하였다. 그러자 모든 대중들이 마치 한 사람인 양 일어섰다. 그리고 그들은 비바사헤브(암베드까르)를 뒤이어 크고 기쁨에 넘치는 목소리로 삼귀의와 오계를 반복하였다. 거기에 더하여, 암베드까르 박사는 그의 동료들이 그들의 낡은 종교(힌두교)를 완전히 버리고 선량한 불교도가 되는 것을 보증하기 위하여 그가 특별히 준비한 22가지 맹세를 그들에게 부여하였다.(D. C. Ahir,

• • •
저 물을 마시고 싶다. 시원히―
붓다가 마시던 저 물, 맑고 향기로운 공덕수
목마른 동포들에게 마시게 할 수는 없을까.

「라즈기리 대숲절의 깔란다까 연못」

인도에서 만난 불교도들

마가다의 하이웨이를 당당히 활보하는 청년 붓다와 천 명의 대중들

환호하며 붓다를 맞이하는 빔비사라 왕과 12만 명의 시민들

나가뿌르 광장, Buddham saranam gacchami를 외치는 암베드까르

목숨 걸고 힌두교를 버리고 붓다-담마로 개종하는 50만 명의 천민들—

이 두 사건은 실로 인류 정신사의 개벽적 일대사(一大事) 아닌가. 기원전 589년 말과 588년 초 몇 달 사이에 일어난 '마가다의 대개종 행진사건', 이 사건을 기폭제로 하여 붓다의 사상운동은 민중적 개종운동으로서 전인도 대륙으로 물결쳐 가고— 1956년 10월 14일, 멀리 기원전 262년 아쇼까 대왕의 개종기념일에 있었던 '나가뿌르의 대개종 사건', 이 사건을 일대 전기로 삼아 인도 대륙에 새로운 불교 개종운동이 불길처럼 번져가고—

그래, 붓다운동은 이런 것이지. 붓다운동은 처음부터 거대한 민중운동으로 출발한 것이지. 치열한 경쟁과 목숨 건 대결을 통하여, 전 민중적 시민적 개종운동으로 출발한 것이지.

"la Buddha (붓다 만세)

la Ambedkar (암베드까르 만세)"

인도 불교사를 다시 쓰기 시작한 나가뿌르의 기적—

그러나 솔직히 고백하면, 나는 이 사실을 전혀 모르고 있었다. 암베드까

르란 이름도 바람결에 한두 번 들어본 정도, 그래서 나는 극히 최근까지 인도에서는 불교가 완전히 사라진 줄 알고 있었다. 이슬람의 침략과 파괴로 인하여 인도 불교는 완전히 소멸되고, 황폐하고 잡초 무성한 유적지만 남아 있는 줄 알고 있었던 것이다. 그래서 나는 인도를 '실패의 땅'으로 규정짓고, 인도 순례를 떠나면서도 왠지 허전함을 감출 수 없었다.

2000년 1월 17일, 월요일 오후

우리는 보빨 역에서 급행열차를 타고 뉴델리로 향하고 있었다. 그때 현지인 가이드 꾸마르 군을 만났다. 우리는 그를 한국 이름으로 인덕(仁德) 거사라고 부르고 있었다. 우연히 옆자리에 앉게 된 나는 무심코 그에게 물었다.

"Are You Hindu?"

그런데 뜻밖에도 그는 이렇게 대답하였다.

"I am a Buddhist."

나는 깜짝 놀랐다.

'아니, 인도에 불교도가 있다니, 그것도 젊은이가—'

영어 반 한국어 반으로 대화를 해 가면서 내 놀라움은 더욱 커졌다. 꾸마르 군은 네루대학 한국어학과 1학년 재학생이고, 집안은 상류 카스트에 속하는 브라만 출신이었다.

그의 설명에 의하면, 인도 인구의 9% 정도가 불교도이고 그 숫자는 서서히 성장하고 있다는 것이다 그리고 꾸마르 군으로부터 암베드까르 박사의 행적을 처음 들었다. 암베드까르 박사는 인도 건국의 아버지 가운데 한

분으로서 국내에서는 간디보다 오히려 더 존경받고 있는 인물이고, 1950년대 그에 의하여 하층민들의 집단적 개종운동이 전개되었고, 그 결과 지금 인도 도처에 불교 사원이 세워지고 있고, 최근에는 백만 명 개종운동이 전개되고 있고—

'아, 이럴 수가.

인도에 불교가 살아 있었다니

붓다의 땅에 불씨들, 불종자(佛種子)들이 이렇게 살아 있다니

인도 대륙에 붓다의 수맥이 다시 터져 나오고 있다니—'

이때부터 내 순례여행은 살아 있는 인도 불교도들을 발견하려는 일에 더 열중하게 되었다.

2000년 1월 24일.

이날은 참으로 행복한 날이다. 성도 성지(成道聖地) 보드가야에서, 나는 인도인 재가법사 꽈럼 씽(Karm Singh) 씨를 만난 것이다. 그는 정통 불교 대학에서 불교학을 공부한 인물로 현지에 법당을 세우고 많은 대중들을 이끌고 있었다. 나는 그의 안내로 그토록 찾아 헤매던 암베드까르 박사의 전기와 저술을 구할 수 있었고, 그 속에서 1956년의 '나가뿌르 대개종 사건'을 확인할 수 있었다.

라즈기리,

절도 없고 중도 없는 황량한 빈 터

시장 바닥을 분주히 오가는 무심한 사람들

붓다의 이름조차 들어보지 못한 무심한 사람들—

그러나 지금 거기에 분명 혁명이 일어나고 있는 게 아닌가. 그들이 돌아오고 있어. 인도 백성들, 서천축 동포들이 붓다에게로 돌아오고 있어. 2천6백여 년 전 12만 명의 라자가하 시민들이 라티 숲을 가득 메우며 붓다에게로 돌아오듯이, 21세기 벽두에 수백만 인도 동포들이 붓다에게로 돌아오고 있어. 거대한 강물이 되어 붓다에게로 다시 돌아오고 있어. 'Buddhist India'의 꿈이 현실로 살아나고 있어.

나는 조용히 미소지으며 라즈기리 대로를 뚜벅뚜벅 걷고 있다. 천 명의 눈푸른 대중들이, 'la Buddha' '붓다 만세' 이렇게 외치면서 이 대로를 다시 행진할 날이 박두하고 있음을 예감하면서—.

학(鶴)같이 고결하게

바위굴에 머물고 빌어먹고

라즈기리 동쪽 성문을 나와 그리드라꾸따-독수리봉을 오른다. 비탈진 바위산길, 군데군데 빈 바위굴들, 하늘에는 검은 돌〔石〕독수리 한 마리, 붓다는 매일 아침 이 길을 오르내리며 밥을 빌었겠지. 푸른 영기(靈氣)가 온몸 가득 스며온다. 그래서 영산(靈山)이라 한 것일까.

그리드라꾸따(Grdhrakuta), 곧 독수리봉은 흔히 영축산(靈鷲山, 또는 영취산)으로 일컬어지고, 원어를 따서 기사굴산(耆闍崛山)으로 불리기도 한다. 영산회상(靈山會上)의 영산이 바로 여기다. 모두 산 모양이 독수리를 닮은데서 유래한다. 독수리봉은 라즈기르 동쪽 차타(Chhatha) 언덕의 남단에위치해 있다.

라즈기리에서 동쪽으로 나오면 붓다의 병을 치유했던 의사 지바까의 집터, 망고동산이 있고, 산에 이르러서는 '빔비사라 왕의 길'로 알려진 계단을 오르게 된다. 독수리봉 정상부에는 자연 석굴이 많이 있다. 붓다와 제자들, 아난다 비구·목갈라나 비구 등이 머물렀던 곳도 이 바위석굴이다. 1903년, 정상에서 붓다가 머물고 법을 설한 여래향실(如來香室), 곧 간다꾸띠가 복원되었다. 대승불교에서는 『법화경』을 비롯한 많은 대승경전들이 이 독수리봉-영산에서 설해진 것으로 설정하고 있다. 최근 일본 불교가 독수리봉 위쪽 정상에 일본류의 사원을 세운 것도 이 법화경 설법설과 관련 있다.

붓다의 하루는 이 독수리봉 바위굴에서 시작되었다. 대개 새벽 4시경에 기상하여 자비로운 마음으로(慈悲三昧) 들어가 제자들의 수행을 가르치고 사람들을 만나 대화하고 담마를 설하여 문제 해결의 길을 일깨워준다. 틈틈이 오른쪽 옆구리를 바닥에 대고 누워 휴식을 취하기도 한다.

11시경 해가 중천에 오르면 탁발에 나선다. 밥을 빌러 나서는 것이다. 하루 일과 중에서 제일 중요한 시간이라고 할 것이다. 가사를 챙겨 입고 발우를 들고 거리로 나간다. 흔히 아난다 비구와 동행하는 일이 많다. 독수리봉에 머물 때에는 수 킬로미터를 걸어서 성(城)으로 들어간다. 이때 일곱 집을 차례대로 도는데 빈부귀천을 가리지 않는다. 밥을 얻지 못하여도 일곱 집을 넘지지 않는다. 밥을 얻지 못하고 빈 발우로 돌아가는 경우도 많았고, 때로는 흉년이 들어 말먹이용 보리를 먹기도 하고, 공양을 거부당하기도 하였다. 공양을 받으면 축복을 내리고 담마를 설하기도 한다. 붓다의 축복은 이러하다.

"Sabbe Satta Bhavantu Sukhitatta"

Let all the beings be happy.

모든 생명이여, 부디 행복하라.

오후에도 오전과 같은 일과를 행한다.

오후 6시부터 밤 10시경까지는 주로 출가 수행승들의 수행을 보살핀다.

한밤중에는 하늘사람[天人]들·악마들과 만나 대화하고 그들을 제도한다.

밤 2시 전후하여 경행을 하고 잠자리에 든다.

여자 종 뿐나 견성사건

붓다께서 라자가하 독수리봉에 계실 때 일이다.

여자 종 뿐나(Punna)는 밤늦도록 등불을 켜놓고 주인을 위하여 벼를 찧고 있었다. 너무 지친 뿐나는 잠시 쉬기 위하여 밖으로 나와 땀으로 흠뻑 젖은 몸으로 바람을 쐬고 있었다. 그때 말라인 두바는 비구들의 숙박 관리인이었는데, 등불을 밝혀들고 비구들을 안내하고 있었다. 그 불빛으로 뿐나는 비구들이 산길을 가는 것을 볼 수 있었다. 여인은 생각하였다.

'나는 내 일 때문에 지쳐서 여태까지 잠 못 이루고 있지만, 저 스님들은 무엇 때문에 늦도록 잠 못 자고 있단 말인가? 어떤 분이 병이 낫거나 뱀에 물린 게 분명해.'

･･･
아침마다 밥을 빌러 나서는 붓다
차례로 일곱 집
부잣집도 들르고
가난한 여자종 뿐나의 거친 밥도 받고
고요한 미소, 따뜻한 축복
'모든 생명이여, 부디 행복하라.'

「독수리 봉의 향실(香室)―붓다가 머물며 법을 설한 장소」

그렇게 새벽이 되었을 때, 뿐나는 거친 쌀겨를 모아서 손에 쥐고 물로 반죽을 해서 빵을 만들어 숯불로 구웠다. 그리고 여인은 중얼거렸다.

'강의 목욕하는 곳으로 가서 이 빵을 먹어야지.'

뿐나는 빵을 치마 속에 넣고 물병을 들고 강가로 나아갔다. 그때 붓다께서는 여느 때와 같이 라자가하로 들어가기 위해서 같은 길로 나아가고 있었다. 뿐나는 붓다를 보고 생각하였다.

'전에 내가 붓다를 뵈었을 때는 올릴 공양거리가 없었고 공양거리가 있을 때는 붓다를 뵈올 수 없었다. 그런데 오늘은 붓다를 마주 보게 되었고 내게 공양거리도 있다. 만약 붓다께서 이 빵이 질이 좋은 것인지 나쁜 것인지 구별하지 않고 받으신다면, 이 빵을 붓다께 공양 올리고 싶은데…'

그래서 여인은 물병을 내려놓고 붓다에게 인사하고 말하였다.

"세존이시여, 이 거친 음식을 받으시고 제게 축복을 내려주소서."

붓다는 아난다 비구를 쳐다보았고 아난다 비구는 가사 속에서 발우를 꺼내 붓다에게 건넸다. 붓다는 발우를 내밀어 빵을 받았다. 뿐나는 빵을 발우에 넣고 땅에 엎드려 오체투지로 절하며 말하였다.

"세존이시여, 세존께서 보신 담마를 제게도 유익하게 하소서."

"여인이여, 그리하자꾸나."

그리고 붓다는 여인 앞에 서서 축복을 내렸다. 여인은 생각하였다.

'붓다께서는 내 빵을 받으시고 축복을 내리셨으나 아직 드시지 않으셨다. 그는 틀림없이 그 빵을 조금 가서는 소나 개에게 던져주고 말 것이다. 그리고 왕이나 왕자의 집으로 가 잘 차린 음식을 받을 것이다.'

붓다는 아난다 비구를 쳐다보고 길가 자리에 앉으려 하였다. 아난다 비구가 얼른 가사를 접어서 자리를 마련하였다. 붓다는 거기 앉아서 빵을 들었다. 아난다 비구가 물을 올렸다. 뿐나 여인과 많은 시민들이 둘러서서 그 광경을 보고 있었다. 공양이 끝나자 붓다가 그들을 위하여 담마를 설하였다.

"항상 깨어 있어 살펴보는 사람들
밤낮으로 노력하는 사람들
열반을 위하여 정진하는 사람들
그들은 번뇌를 여의느니라."

이 설법 끝에 뿐나 여인은 선 채로 깨달음의 길(像流, 수다원)로 들어섰고 주변에 있던 많은 시민들도 큰 이익을 얻었다. 붓다가 독수리봉으로 돌아왔을 때 이 소식을 듣고 대중들 사이에 논란이 벌어졌다.
"세존께서 미천한 여인이 쌀겨로 만들어 석탄불에 구운 거친 빵을 드시다니, 이것은 참으로 곤란한 일 아닌가?"
붓다는 대중들에게 다가가 그 논란을 듣고 말하였다.

"(지난 날) 매양 그대들은 풀잎을 먹었고
그대들은 붉은 쌀겨 찌꺼기를 먹었느니라.
그런 것이 그대들의 지난 날 음식이었느니
오늘 그대들은 왜 그대들의 음식을 먹지 않는가?"(Dhp. 226)

불교도의 의식주(衣食住)

'우리도 부처님같이―'

초기 불교도들은 매양 이렇게 생각하고 염원하며 살았다. 그리고 초기 불교도의 이러한 삶의 방식은 본질적으로 전통적인 수행자들의 삶의 방식인 4의지(四依止)를 계승하고 있는 것이다.

4의지란 무엇인가? 어떻게 살아가는 삶의 방식인가?

간략히 줄이면 이러하다.

① 수행자들은 숲속에서 살아간다. 지붕 밑에 자지 않는다.

② 수행자들은 탁발해서 먹는다. 가능한 한 채소만 먹는다.

③ 수행자들은 그들 스스로 모은 누더기로 옷을 만들어 입는다.

④ 수행자들은 소의 배설물을 발효시킨 간소한 약만 쓴다.

물론 붓다는 극단적 고행주의를 거부하고 중도, 곧 8정도의 삶을 새로운 수행의 기본으로 확립하고 있다. '데바닷타의 교권 도전사건'에서 보는 바와 같이, 붓다는 보다 자유롭고 조화로운 다양한 삶의 길을 열어놓고 있

● ● ●
무엇을 먹을까? 무엇을 입을까?
무슨 걱정이 그리 많은가?
한 끼니의 밥,
한 벌의 옷으로 족하지 아니한가?

「독수리봉―바위 독수리가 푸른 하늘을 날고 있다.」

다. 어떤 경우, 어떤 명목으로도 강제나 획일적 규제를 인정하지 않는다. 그럼에도 불구하고, 초기 불교도의 삶이 이 4의지의 근본정신을 계승하고 있는 것은 분명해 보인다. 그래서 붓다와 출가대중들이 거의 예외 없이 탁발로, 아침마다 거리로 나가 밥을 빌며 살아간 것이 아닐까?

탁발하는 붓다

바위굴에서 머물며 거리로 나가 밥을 비는 붓다

거친 빵을 먹으며 축복을 내리고 담마를 설하는 붓다와 대중들—

이것은 얼마나 아름다운 광경일까? 얼마나 신선한 삶의 방식일까?

이 탁발이야말로 불교의 윤리적 청정성과 민중성을 담보해 내는 최선의 보루 아닐까?

말하자면, 탁발은 붓다와 민중이 서로 만나고 담마[法]를 함께 나누고 문제를 공유하는 '사회적인 삶의 장(場)'이며 불교를 불교답게 하는 '맑고 향기로운 삶의 방식'이라고 할 것이다. 이때 설법을 듣고 발심하거나 즉시에 눈을 뜨고 깨달음의 길로 들어서 성자(Ariya)가 되는 견성사건이 빈번하였다. 미천한 노비 '뿐나 여인 견성사건'도 이런 일상적인 사례 가운데 하나이다. 초기불교를 '대중견성운동' '민중견성운동'으로 규정하는 것도 이런 역사적 상황 때문일 것이다.

발우

빈 그릇 하나—

이것으로 족하지 아니할까? 출가든 재가든, 실로 이것으로 넉넉하지 아니할까? 무엇이 더 필요하다고 그렇게들 아우성일까? 소유할수록 노예가 되는 것인데— 소유할수록 싸우고 병들고 죽어가는 것인데— 발우 하나로 밥을 비는 스님 모습이 그립다. 그런 스님이라야 삼배 올릴 생각이 날 텐데—

오늘 그들은 왜 그들의 음식을 먹지 않을까?

"적게 먹어라. 거칠게 먹어라.
때 아닌 때 먹지 말라.
대중들과 함께 나눠 먹어라.
가능하면 채소만 먹어라.
자신을 위해 잡은 고기는 먹지 말라.
출가 대중들은 발우 들고 탁발해서 먹어라.

검소하게 입어라.
헌 옷이라도 깨끗하게 빨아서 기워 입어라.
출가 대중들은 한 벌의 옷으로 살아라.

작은 집에서 살아라.
높은 침상에서 자지 말라.
화려한 향수나 꽃으로 치장하지 말라.
출가 대중들은 한 곳에 오래 머물지 말라.

약(藥)은 최소한으로 써라.

가능하면 자연산 약을 써라.

땀 흘리며 부지런히 노동하여라.

힘써 번 재물과 자신의 귀한 것을 부족한 이웃과 함께 나누어라.

출가 대중들은 마을로 나가 법을 설하여 세상 사람들의 문제해결을 위하여 헌신하여라."

이것이 붓다가 실천해 보인 불교도의 삶이다. 깨달음을 드러내는 의식주의 방식이다. 한 마디로 '발우식 생활방식'·'발우경제'라고 불러도 좋을 것이다. 그리고 이러한 생활방식은 출가·재가의 사부대중들에게 평등하게 요구되는 것이다. 붓다 당시부터 재가의 대중들도 한 달에 네 번(또는 여섯 번), 특히 초하루·보름 절에 가서 하루 밤낮으로 이러한 생활방식을 체험하고 되돌아보는 것이 신성한 의무로 지켜져 왔다. 이것이 '재가대중의 포살(布薩, uposatha)'이다. '팔관재계(八關齋戒)'라고도 한다. 우리 백성들이 신라 때부터 국민적 축일(祝日)로 행해오던 팔관회(八關會)도 바로 이것이다.

거의 유일한 출구

'가난한 삶─'

'소극적인 은둔적 삶의 방식─'

사람들은 불교적 생활방식을 대개 이렇게 과소평가해 왔다.

'뜻은 좋지만 비현실적이다, 세속 사람들은 실천하기 어렵다.'

또 이렇게들 생각해 왔다. 특히 20세기 이후 아시아인들은 후진성에 주눅이 들어서, 서구적 자본주의를 국가 발전의 모델로 삼고 미국식 향락생활 방식을 도입하는 데 급급하였다. 그래서 햄버거와 코카콜라가 동양인들의 식생활을 철저하게 정복하게 되었다. 그래서 가난에 한이 맺힌 한국인들은 그들의 어린 자녀들에게 가난의 유산 같은 김치와 된장 대신에 햄과 피자를 먹이는 데 열성적이지 않은가?

그러나 20세기 후반 들면서 상황이 급속히, 그리고 근본적으로 달라지지 시작한 것이다. 자본주의의 본고장에 아시아적 생활방식, 특히 채식 중심의 식생활 문화가 거센 시대적 바람으로 불어닥친 것이다. 육류 대신에 푸른 채소가 식탁의 중심에 놓이고, 제왕절개는 기피사항이 되고, 자연산이 보편화되어 가고, 아기들에게는 우유 대신에 모유를 먹이기 시작하고, 목축도 공장식 사육에서 자유롭게 놓아먹이는 방목방식(free-farming)으로 돌아가기 시작하고―.

자연생태적 생활방식으로의 전환

불교생태적 생활방식, 발우식 의식주로의 전환

발우경제로의 일대 전환―

이것은 한때의 호기심이거나 유행이 아닌 것으로 보인다. 더 이상 몇몇 영양학자들이나 모험가들·환경운동가들의 실험적 운동이 아닌 것으로 보인다. 자연 속의 모든 생명을 동일생명―동포로 보는 불교적 생태주의―

학(鶴)같이 고결하게
한 마리 학같이 살고 싶어요.
마르고 깨끗하게
흔적 없이
한 마리 푸른 학같이 그렇게 살고 싶어요.

「독수리봉의 석굴 ─ 붓다와 아난다 · 사리뿟따 · 목갈라나 스님들이 이런 석굴에 살았다.」

이제 이것은 서구·지구촌 일반인들 사이에서 강한 세력으로 확산되고 있는 민중적 변화, 시대적 물결이 되고 있다.

　'검소하게 입고

　적게 먹고, 함께 나눠 먹고

　작은 집에서 살고―'

　생각하면, 이것은 참으로 얼마나 놀라운 변화인가?

　이제라도 인류가 이러한 발우식 의식주, 발우경제에 눈뜨고 이런 방향으로 돌아오기 시작했다는 것은 얼마나 다행한 일인가? 바야흐로 인류견성운동이 물결치기 시작한 것일까? 암으로부터 벗어나고, 무고한 아이들 머리 위에 최첨단 폭탄을 퍼붓는 자본주의적 약육강식의 침략전쟁으로부터 벗어나고, 지구병으로부터 벗어나고, 문명 충돌로부터 벗어나고― 이제서야 그들은 진정 자유로울 수 있는 대안을 찾아낸 것일까? 자연과 인간, 선진국과 후진국, 부자와 빈자들이 함께 살아날 수 있는 불사(不死)의 길을 찾아낸 것일까? 병든 문명·병든 자본주의를 넘어서 갈 수 있는 원형의 물결운동― 제로(zero) 물결운동을 찾아낸 것일까?

　바위굴에서 머무는 붓다

　바위굴에서 머물며 밤 새워 정진하는 출가 수행자들

　밤늦도록 땀 흘리며 노동하는 뿐나

　거친 빵 하나를 공양 올리며 담마를 경청하는 소박한 시민들―

　그래, 이거야. 바로 이것이 우리들 삶인 거야. 삶의 원형(原形), 순수무

구한 삶의 원형, 바로 우리들 삶의 원형인 거야. 우리가 모두 본래 이렇게 살지 않았던가? 이렇게 살아가면 이미 깨달아 있는 것, 이러한 삶을 두고 깨달음이 또 어디 있겠는가? 무엇을 위하여 깨달음이 또 필요하겠는가?

나는 독수리봉 바위 위에 무릎 꿇고 앉아 있다. 독수리봉 푸르른 하늘 너머로 열려오는 인류견성운동의 새벽빛을 예감하면서, 두 손 모으고 고요히 염원한다.

'학(鶴)같이 고결하게
한 마리 학같이 살고 싶어요.
마르고 깨끗하게,
흔적 없이
한 마리 푸른 학같이 고결하게 살고 싶어요.'

불경도 읽지 않으면서 무슨 깨달음인가

_____ 칠엽굴에서 일갈(一喝)을 듣다

칠엽굴의 대합송(大合誦)

어느 날 오후, 벨루바나 바른쪽에 솟아있는 바위산을 오른다. 가파른 산등성이로 길이 나 있다. 산 초입에 마하까샤빠 장로가 머물렀던 삡빨라 석실이 보인다. 석실(石室)이라고 하지만 그냥 바위덩어리나 다름없다. 땀을 흘리며 한참 산행하다가 산등성이를 넘어서자 칠엽굴이 나온다. 상상했던 것보다는 아주 협소하다. 이 좁은 공간에 오백 비구들이 어떻게 모였을까? 돌아서 산 아래쪽을 바라보니 광활한 마가다 평원이 시원하게 펼쳐져 있다. 가슴이 확 트인다.

칠엽굴(七葉窟)은 라즈기리 북문 근처의 바이하라 산등성이 넘어 있다. 칠엽굴은 일곱 개의 굴이 나뭇잎같이 늘어서 있어서 붙여진 것이지만, 오랜 풍화로 퇴화되고 지금은 하나의 굴만 남아 있다. 굴 앞의 광장도 무너져 내렸다. 여기가 바로 제일 결집(第一結集)이 벌어졌던 역사적인 터이다.

결집(結集)은 경전의 편집을 의미한다. 붓다의 가르침을 모아 경전(經典)으로 집성하는 작업이다. 최초의 결집은 붓다가 돌아간 직후 최초의 안거 기간 동안, 상수 제자 마하까샤빠 장로의 주관으로 오백 명의 장로들이 모여 대중합의로, 대중공사로 진행된 것이다. 결집의 원어인 sangiti는, '합송(合誦)하다' '함께 외우다', 이런 뜻이다. 이것은 결집이 기록에 의해서가 아니라 암송에 의해서 이루어진 것임을 의미한다. 당시 인도 사회에서는 신성한 것은 기록하지 않고 암송한다는 오랜 전통이 지켜지고 있었다. 붓다 스스로 춘다라는 제자에게 이렇게 당부하고 있다.

> "춘다야, 그대들은 내가 깨닫고 가르친 법을 함께 모여 함께 외워라. 논쟁하거나 의미와 의미, 문장과 문장을 서로 비교하지 말고, 함께 외워라. 많은 사람들의 이익과 행복을 위하여 이 순수한 가르침이 오랫동안 지속될 수 있도록, 신(神)들과 인간들의 이익과 행복을 염원하는 자비심을 가지고, 함께 외워라." (DN. 29. 17)

이때 아난다 장로가 붓다의 교법(敎法)—이치에 대한 가르침을 외우고, 우빨리 장로가 붓다가 정한 계율—공동체의 법도를 외운 것은 널리 알려진 일이다. 두 분이 각각 먼저 외우면, 대중들이 듣고 잠잠히 침묵하면 통과되고, 그렇지 않을 경우에는 문답과 토론 과정을 거치면서 정리되어 갔다. 이렇게 해서 인정되면, 오백 대중들이 한 목소리로 함께 외움으로써 경(經)과 율(律)로서 확립되는 것이다.

• • •

'수행자들아, 한 가지를 끊어라.

한 가지란 무엇인가?

수행자들아, 탐욕이라는 한 가지를 끊어라.

그대들은 더 이상

이 어리석은 세상으로 돌아오지 않을 것이다.'

「라즈기리 바이하라 산 칠엽굴 — 기원전 544년경, 붓다가 돌아가신 직후, 오백 아라한이 여기에 모여 경(經)과 율(律)을 결집하였다.」

Itivuttaka(이티붓따까, 如是語)

'Itivuttaka,

바로 이와 같이

아라한 세존께서는 설하셨다고

나는 들었습니다.'

"수행자들아,

한 가지를 끊어버려라.

나는 그대들에게 보증하느니

그대들은 더 이상

이 미혹한 경지로 돌아오지 않는 경지에 들리.

한 가지란 어떤 것인가?

수행자들아,

탐욕이라는 한 가지를 끊어버려라.

나는 그대들에게 보증하느니

그대들은 더 이상

이 미혹한 세상으로 돌아오지 않는 경지에 들리."

이렇게 세존께서 말씀하시고, 그에 관해 다음과 같이 설하셨다.

"탐욕이 강한 사람은 탐욕으로 인해 나쁜 경지로 나아간다. 진리를 바라보는 사람은 바른 지혜로써 탐욕을 끊어버린다. 그리하여 이 세상으로 돌아와 미혹한 생을 되풀이하는 일은 두 번 다시 없으리라."

또한 이렇게 세존께서 설하셨다고 나는 들었습니다.(Itiv. 1. 1)

아난다 비구의 정직한 고백

'Itivuttaka

이와 같이 설하셨다.

(如是語) —'

한 자리에 모여 앉은 오백 명의 눈푸른 장로들
대중 앞에 나가 떨리는 감격으로
스승의 가르침을 외우는 아난다 스님
잠잠히 침묵하는 오백 성중(聖衆)들

"바로 이와 같이
아라한 세존께서는 설하셨다고
나는 들었습니다."

떨리는 목소리로 앞서 매기는 아난다 비구

이윽고 고개를 끄덕이며

마음을 모아 한 목소리로

스승의 가르침을 외우는 오백 성중(聖衆)들

멀리 마가다 평원으로 울려 퍼지는 장중한 합송

대합송(大合誦, Maha-Sangiti)

그 끝없는 메아리—

여기서 특히 주목되는 것이 경과 율이 대중들의 토론과 합의에 의하여 확립되어 가는 그 과정의 대중성, 민주성이라고 생각된다. 다른 종교 사상의 성전들이 대개 신비적 계시거나 전설적 전승인 것에 대하여, 붓다의 가르침은 대중적 합송(合誦)이다. 대중적 합의의 산물인 것이다. 이것은 얼마나 경이로운 일인가? 얼마나 희유한 일인가? 바로 여기에 불교의 불교다운 정체성이 빛나는 것 아닐까?

이러한 경이는 어떻게 가능했을까? 이러한 희유를 가능케 한 원초적 동기는 무엇일까?

우리는 여기서 아난다 비구를 주목하지 않을 수 없다. 문헌에 의하면, 결집이 시작되는 당일까지, 그는 아라한이 되지 못했기 때문에, 곧 견성하지 못했기 때문에, 결집에 참가할 수 없었다. 이것은 결집 자체가 불가능한 위기 상황을 의미한다. 그런데 바로 그날 아침, 그는 깨달음을 실현하고 아라한의 경지로 들어간다.

이러한 '아난다 장로 견성사건'은 뭔가 좀 자연스럽지 못하다는 느낌이 들지 않는가? 붓다 곁에서 25년을 한결같이 시봉하고 가르침을 들어온 아난다 비구가 깨달음을 이루지 못했다는 것도 그렇고, 또 바로 결집 당일 아침에 아라한이 된다는 것도 그렇고―.

그가 견성했다는 것은 또 어떻게 믿을 수 있을까? 어떻게 오백 대중들은 그를 신뢰할 수 있었을까? '아라한은 아라한을 알아본다', 이 한 마디로 다 이해가 되는 것일까? 그전에 오백 대중들은 이미 아난다 비구를 믿고 있었던 것은 아닐까? '아난다 비구는 정직하고 성실하며 스승의 가르침을 가장 잘 이해하고 가장 잘 기억하고 있다.' 대중들은 이렇게 신뢰해 온 것은 아닐까?

Theragatha(長老偈經)에서 아난다 비구는 이렇게 고백하고 있다.

> 스물다섯 해 동안 나는 부드럽고 성실한 행동으로
> 스승 곁에서 시봉하였다.
> 그림자가 육신에서 떨어지지 않듯이…
>
> 나는 아직도 해야 할 일이 있는 사람이고,
> 한창 배우고 있는 사람이고,
> 아직 마음이 완성되지 않은 사람이다.
> 그러한 내게 자비를 베풀어 주시던 스승께서
> 온전한 열반에 드셨다.…(Thag. 1041, 1045)

이 고백을 듣고 아마 많은 사람들은 충격을 받을 것이다. '나는 아직 깨닫지 못하였다. 나는 아직 배울 것이 많다', 그는 지금 이렇게 드러내고 있지 아니한가? 스승께서 그토록 사랑하셨던 시봉, 십대제자의 한 분, 수많은 사람들로부터 존경받고 가르침을 베풀던 장로— 그가 이렇게 고백할 수 있다니, '나는 아직 깨닫지 못했다, 배울 것이 많다', 이렇게 고백할 수 있다니, 이것은 얼마나 놀라운 일인가?

그래, 바로 이거야. 아난다 스님의 이 정직성이 오백 성중들의 대중적 합의를 이끌어내고 대합송을 성공시킨 원동력인 거야. 정직성이야말로 대합송—초기경전의 진리성을 창출하는 원초적 동기인 것, 이 정직성 말고 무엇이 또 더 필요할까?

스승의 가르침으로 돌아가서

'여시아문(如是我聞)

나는 이와 같이 들었습니다.'

경전들은 이렇게 시작되고 있다. 이렇게 시작되는 것이 오랜 전통이다. 정확하게 표현하면, 'Itivuttaka'로 시작되고 있다. 이것은 (아라한 세존께서) 이렇게 말씀하셨다' 이런 뜻이다. '여시어(如是語)'라고 한역된다. 여시아문의 여시(如是)가 바로 이것이다. '이와 같이 스승께서 설하신 것을 나는 들었다', 이것을 줄여서 '나는 이와 같이 들었다', '여시아문(如是我聞)' 이렇게 쓰는 것이다. 'Itivuttaka', 이렇게 시작되는 경전의 대표적인 것이 Itivuttaka, 곧 『여시어경(如是語經)』이고, 이 경 첫머리에 실려 있는 법문이 앞에 인용된 '탐욕'이다. '한 가지를 끊어버려라, 그리하면 미혹의 세계로 다시 돌아오지 않을 것이다', 지금 붓다는 이렇게 설하고 있다.

'Itivuttaka

나는 이와 같이 들었다.'

이것은 정직성의 발로이다. 아난다 비구의 정직성을 드러내는 것이고 오백 대중들의 정직성을 드러내는 것이다. 불교 경전은 이러한 대중적 정직성에 근거하고 있다. 붓다-담마, 붓다의 가르침은 이러한 대중적 정직성에 근거해서 그 정당성·정체성, 그리고 진리성을 확보하고 있는 것이다. 이것은 불교가 어떤 신비적 계시나 도그마, 권위적 교조(敎條)를 용납하지 않는다는 것을 의미한다. 정직하지 않은 자는 스승 곁으로 갈 수 없다는 진실을 의미한다. 그런 까닭에 우리는 불경을 신뢰한다. 믿고 존중하고 따르는 것이다.

불경을 단순한 말씀이거나 교(敎)—교리로 생각한다면, 이것은 얼마나 큰 착각일까? 경전을 그저 종이묶음으로 본다면, 이것은 얼마나 깊은 무지일까? 불경은 여시어(如是語)가 아닌가? 우리 자성(自性), 그 산물인 천지만물 삼라만상을 있는 그대로 보는, 보게 하는 깨달음의 진언(眞言) 아닌가? 대합송(Maha-Sangiti), 이것은 우주적 진실의 큰 울림 아닌가? 그래서 읽고 외우는 것인데, 읽고 외우는 것만으로도 번쩍 눈이 뜨이고 귀가 열리고 확— 가슴이 열리고 암덩어리가 사라지고 축복 받는 것인데—.

만 가지 병통이 불경을 열심히 읽지 않는 데서 오는 것이 아닐까? 불경 읽지 않으면서, 못하면서, '불립문자(不立文字)'를 표방하며 참선하는 것을 자랑하는 이 전도몽상이 갈 길 바쁜 한국 불교를 발목 잡고 있는 장애의 본질 아닐까? 스승 없이 깨치겠다고 나서니, 이 얼마나 부끄러운 일일까?

불경도 읽지 않으면서
무슨 깨달음일까?
붓다 석가모니도 모르면서
무슨 살불살조(殺佛殺祖)일까?

「라즈기리 바이하라 산 칠엽굴 앞 빈터」

지금 바로 정직하게 스승 앞에 우리들의 무지를 고백하고 스승에게로, 경전으로 돌아갈 때가 아닐까?

바이하라 산 칠엽굴
눈푸른 오백 대중들
마가다 평원을 진동하며 울려퍼지는 대합송, 그 메아리—
칠엽굴 앞에 서서 나는 지금 묻고 있다.

Itivuttaka
나는 정직한가?
나는 지금 스스로 뭔가 깨달은 것 같은 허위의식에 사로잡혀 있는 것은 아닌가?
나는 지금 한소식 한 것같이 대중들 앞에서 태연하지 않은가?

Itivuttaka
나는 지금 대중 앞에서 고백할 수 있는가?
"나는 깨닫지 못하였습니다.
나는 아직 공부할 것이 많습니다.
부디 나를 불쌍히 여겨 내게 가르침을 주십시오."

Itivuttaka
나는 지금 불경을 읽고 있는가?

불경을 열심히 읽고 붓다의 가르침을 전심전력으로 신뢰하고 있는가?

불경으로서 내 삶의 지표로 삼고 있는가?

불경도 읽지 않으면서 '참선하네, 명상하네' 하고 외도로 가고 있는 것은 아닐까? 불경도 읽지 않으면서 '한소식 하겠다'고 헛된 꿈에 사로잡혀 있는 것은 아닐까?

Itivuttaka

나는 정녕 스승의 제자일까?

숲절에 가면 아직도 희망이 있다

___ 사 밧 티 의 푸 른 숲 속 에 서

불교는 자유분방한 도시의 산물

사밧티, 모든 불교도들의 마음의 고향 사밧티

　거의 모든 경전 첫머리에 나오는 제따바나—기원정사의 현장

　최대 강국 꼬살라의 화려 번창한 수도 사밧티, 사위성—

　그러나 지금 사밧티는 명칭일 뿐, 허허로운 빈 공간, 숲속에 무너진 절터, 순례자의 부푼 가슴에 쓸쓸함이 소쩍새 울음같이 울려온다.

　사밧티(Savatthi)는 고라크뿌르에서 곤다로 향하는 북동선 열차 노선의 발람뿌르 역에서 서쪽으로 18킬로미터 지점에 위치해 있다. 붓다 당시 마가다국과 더불어 양대 강국으로 군림하던 꼬살라국의 수도이다. 『금강경』 첫머리에 등장하는 사위대성(舍衛大城)이 바로 여기다.

　사밧티는 실로 불교의 요람으로 평가되고 있다. 45년의 안거 가운데, 붓다는 24, 5회를 이 사밧티에서 보내고 있을 정도이다. 대부분의 초기불전

젊은 숲이다. 왜찌 열린 푸른 교법
여기에는 일주문도 없고 울타리도 없다.
길아 골로 장이으고 도라돌로 장이으고 바영이으이도 장이으고
젊은 꾀으골 이어들으는 임떠너 한 곳이다.

「사밧티의 제따바나 - 기원정사의 현장. 초기불교의 요람, 붓다의 교화 45년 중 24, 5년을 여기서 보냈다.」

들이 제따 숲절(Jetavana, 祇園精舍)에서 설해지고 있는 것도 이 때문이다. 따라서 사밧티에는 제따바나를 비롯하여 수많은 불적(佛蹟)들이 산재해 있다. 비사카 부인의 동원 녹자모 강당(Pubbarama), 빠세나디 왕의 숲절 (Rajakarama), 수닷따(Sudatta) 장자의 집터(Kachchi-Kuti), 앙굴리마라 스뚜 빠(Paki-Kuti) 등….

제따바나 터에는 붓다의 주석처인 간다꾸티(gandakuthi, 香室)와 꼬삼비 꾸티, 아난다의 보리수를 비롯한 수많은 승방 터가 남아 있다. 현장법사가 보았던 2개의 아쇼까 석주는 발견되지 않고 있다.

마가다국의 라자가하에서 큰 성공을 거둔 붓다는 대개 전법 4년경(기원 전 586년) 사밧티의 거상(巨商)이며 은행가인 수닷따 장자(長者)의 초청에 의하여 이곳을 방문하게 된다. 이때 수닷따 장자가 황금돈을 깔고 제따 (Jeta) 태자의 땅을 사서 제따 숲절(Jetavana)을 세우고 붓다를 맞이한 일은 불교사의 고전적 사건으로 널리 알려져 왔다.

붓다의 전도 활동은 이 두 도시—라자가하와 사밧티를 양 축으로 삼아 전개되었다. 기원전 7~5세기경, 이 두 도시는 북동 인도 최대의 정치적 중심지일 뿐만 아니라, 수공업·상업·금융업 등 경제활동의 요람으로서 엄청난 부(富)를 축적하고 있었다. 이것은 붓다의 대중견성운동이 수공업 경영가, 상인, 은행가 등 자산가(資産家), 중산층과의 밀접한 연대에 의하 여 그 물적 기초를 확보하고 있었다는 역사적 상황을 반영하는 것으로 해 석된다. 초기경전에 빈번히 등장하는 거사(居士)·장자(長者)는 바로 이들 상인·자산가들을 일컫는 것이다.

초기불교운동의 분위기가 개방적이고 다양성을 존중하며 비판과 토론이 일상화되는 등 자유롭고 역동적이었던 것은 이러한 도시적 배경과 관련된 것이다. 그런 의미에서 불교는 '도시의 산물', '시민의식의 산물'로 규정될 수 있을 것이다.

미친 여인 빠따짜라의 견성사건

빠따짜라(Patacara)는 사밧티 자산가의 딸로 총명하고 아름다운 처녀였다. 빠따짜라는 자기 집 종과 사랑에 빠져 집을 나가 시골 마을에 가서 함께 살았다. 아기를 배고 출산이 가까워지자 친정으로 돌아가려 하였으나 남편의 완강한 만류로 중도에 포기하였다. 둘째 아기를 배었다. 해산달이 되자 이번에는 남편의 만류를 뿌리치고 친정을 찾아 사밧티로 향하였다. 남편도 어쩔 수 없어 동행하였다. 도중에 출산이 임박해지자 남편은 해산할 장소를 찾아 숲으로 들어갔다가 독사에 물려 죽고 말았다.

빠따짜라는 혼자 아기를 낳고 두 아이를 데리고 사밧티로 다가갔다. 강가에 이르렀다. 밤에 큰비가 내렸다. 강물이 불어나서 흙탕물이 거세게 흐르고 있었다. 갓난아이는 이쪽 강둑에 남겨놓고 첫째 아기를 안고 강물로 들어섰다. 험한 물살로 휘청거렸다. 강 중간에 이르러서 돌아보니 독수리가 갓난아이를 덮치고 있었다. 여인은 비명을 지르며 손을 휘저었다. 안고 있던 첫째가 강물에 떨어져 급류에 휩쓸려 갔다. 두 아이 모두 잃고 말았다. 가까스로 친정에 도착해 보니 지난밤의 폭우로 집이 무너지고 부모가 모두 돌아가고 화장이 끝나 있었다.

빠따짜라는 실성하였다. 미친 것이다. 옷이 벗겨지는 것도 모르고 정신을 놓고 여인은 사밧티 거리를 헤매고 있었다. 구경꾼들이 모여들었으나 부끄러운 줄도 몰랐다. 탁발 나왔던 붓다가 여인을 보았다. 붓다는 여인 곁으로 다가가 그의 손을 잡고 말하였다.

"빠따짜라야, 정신 차리거라. 네 마음을 조용히 하거라."

이 말씀 끝에 빠따짜라는 정신이 들었다. 여인은 몸을 가리고 울며 호소하였다.

"스승이시여, 저는 남편과 두 아이를 잃었습니다. 부모마저 잃었습니다. 저는 갈 데가 없습니다. 저는 아무 희망이 없습니다."

붓다는 여인을 데리고 제따 숲절로 돌아왔다. 곧 여인을 출가시켰다. 여인은 머지않아 법의 눈을 뜨고 아라한의 경지에 들어갔다. 성자가 된 것이다. 이후 빠따짜라 장로니(長老尼, Theri)는 마하까샤빠 장로와 어깨를 나란히 하는 제일의 여성 지도자가 되어 수많은 대중들을 구원하였다.(Dhp. 113)

절은 활짝 열린 숲이다

미쳐버린 여인(狂女)

남편 · 자식 · 부모— 한꺼번에 다 잃고 미쳐버린 여인

옷을 벗고 거리를 헤매는 미쳐버린 여인 빠따짜라—

붓다는 이 여인을 받아들인다. 제따 숲절은 이 미친 여인을 아무 조건 없이 받아들인다. 숲절은 이 여인을 받아들여 따뜻이 품에 안아 치유한다.

그리고 담마에 눈뜬 성자로 일으켜 세운다. 만인 앞에 나아가 담마를 설하여 병들고 괴로워하는 자들을 살려내는 위대한 지도자로 일으켜 세운다.

이럴 수 있을까?
우리라면 이럴 수 있을까?
오늘의 한국불교, 우리 절들 이럴 수 있을까?
출가하는 데 무슨 조건은 그리 많은지, 나이도 몇 살 넘으면 안 되고, 장애가 있으면 안 되고, 학력 없으면 안 되고, 전과 기록 있으면 안 되고─
도대체 누구더러 오라는 것일까? 오늘의 한국 절들, 누구더러 오라는 것일까? 엘리트들 모아 무슨 귀족들, 선민(選民)들 양성하려는 것일까? 절은 이렇게 닫혀 있는 특수지대일까? 이것이 붓다의 법일까?

절은 숲이다. 아무 울타리도 장벽도 없는 열린 숲이다. 시원하고 포근한 열린 숲이다. 그래서 초기불교 이래 절은 '숲절(園林, vana)'로 일컬어진다. 대숲절(Veluvana, 竹林精舍), 제따 숲절(Jetavana, 祇園精舍), 고시따 숲절(Gositharama)… 이렇게 일컬어진다. 이 숲절은 누구든지 다 받아들인다. 늙은이, 젊은이, 어린 아이, 장애자, 전과자, 천민, 노비, 깡패, 창녀, 누구든지 다 받아들인다. 출가도 자유롭게 할 수 있고, 환속도 자유롭게 할 수 있고, 환속했다 다시 출가도 자유롭게 할 수 있고─ 출가가 무슨 특별한 일 아니다. 어떤 신분 만드는 것 아니다. 출가는 다만 수행일 뿐이다. 수행의 방법일 뿐이다. 출가해서는 열심히 출가 수행자의 삶을 살고, 재가해서는 열심히 재가 수행자의 삶을 살고─ 저 넓게 열린 숲에 무슨 경계가 있겠는가?

절은 숲이다. 맑고 아름다운 숲절이다. 거기에는 푸른 숲이 우거져 있고 새소리가 들리고 시원한 샘물이 졸졸 넘치고.

절은 숲이다. 활짝 트여 있는 열린 숲절이다. 어떤 울타리도 없는 열린 숲절이다. 거기서 모든 사람들이 함께 어울려 친구가 된다. 남녀, 귀천, 빈부, 우열, 거기에는 이런 차별과 구속이 없다. 승속의 차별도 없다. 그것들은 다만 하나의 명칭이며 작은 차이일 뿐이다. 이 모든 차이들이 함께 어울려 크나큰 생명의 흐름을 실현한다. 우주적 대생명(大生命)의 숲을 일궈낸다.

절은 숲이다. 외로운 사람들 돕는 우정의 숲절이다. 거기에는 조건 없는 우정, 자비가 흥건히 넘쳐흐른다. 고독하고 괴로운 사람들이 언제든지 찾아가서 안식과 치유를 누릴 수 있다. 그래서 예로부터 절에는 외롭고 가난한 사람들이 항상 모여들었다. 수니따같이 천하고 대접 못 받는 거리의 청소부들도 모여왔고, 비말라 여인같이 거리에서 몸을 파는 불행한 사람들도 모여왔다. 앙굴리마라같이 죄짓고 용서받을 수 없는 사람들도 모여왔고, 오백 도적들같이 사회 발전에서 낙오된 소외 집단들도 모여왔다. 빠세나디 왕 같은 권력가들도 모여왔고, 수닷따 같은 큰 상인들도 모여왔고, 비사카 같은 자산가 여성들도 모여왔고….

이것이 성공의 원인 아닐까? 초기불교가 인도에서 폭발적으로 성공할 수 있었던 가장 큰 요인이 바로 여기에 있었던 것 아닐까? 극도로 차별화되고 폐쇄된 카스트 세계, 잔인하고 살벌한 카스트 장벽, 여기에 문득 활짝 열려온 넓은 숲·숲절, 만인 평등의 광장, 함께 어울려 서로 나누는 다

• • •
절은 숲이다. 활짝 열린 푸른 숲절
그 숲에 가면 시원하다. 가슴이 탁 터인다.
해우소(解憂所)—근심 걱정이 쏙 빠진다.
절숲에 가면 아직도 희망이 있다.

「사밧티 제타바나의 푸른 숲」

함없는 우정(友情)의 넓고 시원한 숲— 그들에게 이 이상의 희망과 구원이 또 어디 있을까? 활짝 열린 숲절— 이 세상에 이런 공간이 존재한다는 그 사실만으로 그들은 낡은 체제의 변혁과 새로운 이상세계의 꿈을 키워갈 수 있는 것 아닐까?

제따 숲절

고독한 사람들 도와주는 제따 숲절(祇樹給孤獨園)—

붓다는 이 숲에서 수많은 시민들, 시민 그룹들과 어울려 함께 나누며 산 것이다. 아니 수많은 시민들, 시민 그룹들이 서로 어울려 함께 나누며 산 것이다. 그리고 이러한 숲절—숲절 운동이 전 인도로, 세계로 확산되어 간 것이다.

절숲에 가면 아직도 희망이 있다

1999년 2월.

나는 33여 년 몸 담아온 학교를 물러났다. 정년을 3년 남겨놓고 어려운 집안 사정으로 명퇴한 것이다. 학교와 학생 없는 삶은 상상조차 할 수 없었던 내게 이 갑작스런 변화는 죽음보다 더 큰 고통을 의미하는 것이다. 도저히 마음을 가눌 수 없었다. 부처님을 찾고 명상 기도를 해봐도 별로 도움이 되지 못하였다. 먼저 떠나버린 아내의 빈 자리가 내 외로움을 더욱 아픈 것으로 만들고 있었다. 마음의 병은 육신의 병이 된다던가? 느닷없이 통풍(痛風)에 걸렸다. 들어보지도 못한 병— 아픔으로 잠 못 이루며 눈물을 쏟아냈다. 혈압도 높아졌다. 이러고도 살아야 하는 것일까?

3월 중순, 송암스님과의 오랜 인연으로 죽산 도피안사로 들어왔다. 스님께서는 내가 퇴임하면 꼭 절에 와서 함께 수행하며 좋은 글 써야 한다고 오래 전부터 작정하고 계셨다. 광덕 큰스님의 뜻이라고도 하셨다. 절에 와서도 마음의 풍파는 쉴 줄 몰랐다. 외롭다는 것이 이렇게 큰 고통이 될 수 있다는 것을 왜 까맣게 모르고 살았을까?

4월 들어서면서 나는 정신 차리고 기도를 시작하였다. 마침 절에서 천일 기도중이어서 기회가 좋았다. 새벽 4시부터 2시간 동안 예불 올리고 천수경 독송하고 지장기도를 올렸다. 지장기도를 올리면서 나는 백팔배를 시작하였다. 실제로는 이백배 정도 했다. 저녁 기도 때도 백팔배를 올렸다. 때로는 삼백배, 오백배를 했다. '지장보살 지장보살…' 끝없이 보살의 명호를 큰 소리로 부르면서, 땀을 뻘뻘 흘리면서, 절하고 또 절하였다. 시간 되는 대로 나한전에 올라가 참선하였다. 붓다의 가르침에 따라 사념처(四念處)에 입각한 관법(觀法) 수행을 주로 하였다. 아침·점심·저녁, 공양이 끝나면 산책을 나섰다. 숲속을 거닐기도 하고 용설 호숫가를 돌기도 하고 도솔산 산행을 하기도 하였다. 그러면서 광덕스님의 평전을 맡아 집필에 심혈을 기울였다.

바람이 불어오고 불어가고, 꽃이 피고 지고— 시간이 지나갔다. 한 달 두 달, 한 해 두 해— 세월이 흘러갔다. 그러면서 나는 몰라보게 달라져 있었다. 나는 지금 내 생애 처음으로 온전한 평정을 체득하고 있다. 몸도 마음도 평화롭고 자유롭다. 우울도 외로움도 소멸되어 갔다. 하루 십여 시간씩 컴퓨터 작업을 해도 끄덕없다. 생명에 대한 외경과 삶으로 향한 희망이 강물처럼 출렁인다. 보이는 모든 사람들, 사물들이 아름답게 다가온다. 콧노래가 흘러나온다. 길 옆 하늘빛 나팔꽃을 보고 한없는 법열에 잠긴다. 할 일도 많고 사랑하는 사람들도 많다. 나는 살아난 것이다. 어느새 나는 새 삶을 살고 있는 것이다. 숲이 나를 살린 것이다. 숲절이 나를 살린 것이다.

시원하고 포근한 숲절—

그곳에는 희망이 있다. 우리가 평화로운 삶으로 돌아갈 수 있는 희망이 서식하고 있다. 청정한 스님들은 이 희망을 뿜어내는 맑은 샘물 아닐까? 스님들과 대중들의 고요한 눈빛과 무관심한 듯한 그 잔잔한 미소, 그리고 한 잔의 따뜻한 차야말로 고단하고 상처받은 사람들의 마음속에 숲같이 싱싱한 희망을 일깨우는 잔잔한 바람 아닐까?

'절에나 들어갈까?'

'머리 깎고 중이나 될까?'

세상으로부터 버림받고 절망하고 삶의 의지를 잃고 출구가 안 보일 때, 많은 사람들은 이렇게 넋두리한다. 이것은 참 옳은 말 아닌가? 절망과 좌절을 뚫고 일어서려는 선(善)한 본능의 발동 아닌가? 말 그대로 넋의 몸부림 아닌가? 그런 것이다. 천지가 막막해 올 때 절에 들어가면 신천지가 열려온다. 머리 깎고 중이 되지 않더라도 좋으리. 다만 숲절에 들어가는 그것으로 족한 것이리라. 태국에서 하는 것처럼, 일정 기간 동안 단기출가를 해볼 수 있다면 얼마나 좋을까? 정치인들·기업가들·노동지도자들·관리들·지식인들… 이들이 단 며칠이라도 숲절에 와서 맑은 공기 청량한 물을 마시고 가부좌로 앉는 흉내라도 낼 수 있다면 얼마나 좋을까? 그들의 인생, 나라의 운명이 달라질 텐데, 저 빠따짜라 여인같이—

돌아갈 곳을 잃어버린 현대인들,

숲절이 거기 있어 얼마나 다행인가? 붓다가 거기 있어 얼마나 다행인가? 상처받은 영혼들이 언제든지 달려갈 수 있는 숲절과 스님들이 거기 있어 정말 우리는 얼마나 다행인가?

시원하고 포근한 숲절

사밧티 제따바나 숲절—

지금 이 숲에는 빈 바람만 불고 있다. 빠따짜라 여인은 어디로 간 것일까? 수니타들, 빠따짜라들, 앙굴리마라들, 오백 명의 도둑들— 이들은 모두 어디로 간 것일까? 이 숲절을 버리고 어디서 헤매고 있는 것일까? 나는 두 손을 입에 대고 큰 소리로 불러본다.

"친구들, 어서 오셔요. 헤매지 말고, 이제 이 숲절로 돌아오셔요.

여기 친구들이 기다리고 있어요. 붓다와 스님들, 보살님들, 거사님들, 백로들, 하늘빛 나팔꽃들… 친구들이 당신을 기다리고 있어요.

친구들, 어서 오셔요. 여기 불사(不死)의 깃발 휘날리고 있어요."

세속에서 깨닫는 보통 사람들

분쟁과 고뇌의 땅

멀고 험한 길을 돌아왔다. 새벽 4시 깐뿌르를 출발하여 점심때가 넘어 겨우 도착한 것이다. 지도를 보고 달리다 보면 길이 끊겨 있고 돌아가면 또 끊겨 있고 - 붓다도 이 먼 길을 돌고 돌아서 오셨을까? 꼬삼비, 그러나 황량한 들판, 쇠똥이 지천으로 널린 마을의 주민들은 '붓다'의 이름조차 들어보지 못했단다. 허망하다 -

꼬삼비(Kosambi)는 깐뿌르와 바라나시의 중간 지점, 강가 강과 야무르 강이 합류하는 지점에 위치하고 있다. 3대 강국의 하나인 밤싸국의 수도로, 일찍 교역이 발달하였고, 서인도로 가는 교통의 요충이기도 하다. 현재 지명은 꼬삼이다.

꼬삼비에는 성터와 그 안의 수많은 유적이 있고, 고시따 장자가 기증한 고시따라마-숲절 터가 있다. 지금 그루와-기셈바드 마을 부근에 발굴하

• • •
의로운 여인 쿠주따라여
불길 속에서 마음 통찰하는 5백 여인들이여
불길 속에서 고요한 그대들 보고
이제 우리도 불끈 주먹을 쥐고 일어납니다.
'우리도 몸 던져 붓다 담마 따르리.'

「꼬삼비 고시따라마 숲절 터—꼬삼비는 밤싸국의 수도, 하녀 쿠주따라와 사마와띠 왕비, 5백 궁녀들이
불길 속에서 삼보헌신 순교하였다./이상일 作」

다 만 절터가 있고, 부러진 아쇼까 왕의 석주가 방치돼 있다. 마을 강변에는 아난다 비구가 건너온 나루터가 있다.

전법 9년, 기원전 581년, 붓다는 마가다의 라자가하와 꼬살라의 사밧티(쉬라바스티)에 이어 밤싸국의 수도 꼬삼비에 진출함으로써 인도 전역으로 통하는 전진기지를 확보하는 데 성공하였다. 꼬삼비를 처음 방문한 붓다는 우데나 왕의 지지를 확보하는 데는 실패했지만, 여기서도 자산가 그룹의 후원을 받아 정착하게 되는데, 고시따라마―고시따 숲절은 은행가이며 대상인인 고시따 장자의 기증에 의하여 건립된 절로서 전법 활동의 중심이 된 곳이다.

붓다가 이 고시따 숲절에 계실 때, 비구들 사이에 분쟁이 벌어졌다. 한 비구가 화장실을 사용하면서 사소한 규칙을 어기는 일이 있었는데, 이것이 빌미가 되어 승단이 둘로 분열된 것이다. 비구 옹호파와 반대파 사이에 다툼이 벌어지고 격렬한 논쟁이 전개된 것이다. 붓다는 대중들을 모아놓고 유명한 '브라흐마닷타 왕과 디가부 왕자 사건'을 들려주며, "비구들아, 그만두어라. 다툼도 그만두고 싸움도 그만두어라" 하고 타일렀다.

그러나 비구들의 다툼은 더욱 격렬해지고 마침내 시민들 앞에서 몸싸움까지 벌렸다. 붓다는 깊은 고뇌에 빠졌다. 그리고 조용히 꼬삼비를 떠나 숲으로 들어갔다. 이 광경을 보고 시민들이 분노하여 공양거부운동을 전개하였다. 그들은 거리로 나와 외쳤다.

"이 꼬삼비 비구들은 우리들에게 수많은 손해를 끼쳤다. 세존께서는 그들 때문에 번잡스러워 이곳을 떠나셨다. 따라서 우리들은 꼬삼비 비구들에게 절하지 말고, 보고도 일어나지 말고, 합장으로 예를 갖추지 말고, 존중하지 말고, 공경하지 말고, 공양하지 말고, 온다 해도 음식물을 제공하지 말자. 만약 이들이 존경·존중·공경·봉사·공양받지 못한다면, 존경받지 못한 까닭에 떠나거나 환속하거나 세존과 화해할 것이다."

이후 시민들의 거부와 항의로 비구들은 화해하게 되었지만, 승단의 분열과 고통은 오래 내연(內燃)되고 있었다.(MV. 10. 1. 1-5. 14)

불길 속에서 불사(不死)를 보다

쿠주따라는 꼬삼비 우데나 왕의 왕비 사마와띠 부인의 꽃시중 하녀였다. 어느 날 쿠주따라는 수마나의 꽃가게에서 붓다를 친견하고 즉시 견성하고 성자의 길로 들어섰다.

쿠주따라는 궁중으로 돌아와 사마와띠 왕비와 오백 명의 궁녀를 모아놓고 담마를 설하였다. 왕비와 궁녀들은 그를 '어머니 스승(a mother and a teacher)'으로 받들고 법을 경청하고 가르침에 따라 마음을 관찰하였다. 그 결과, 머지않아 왕비와 궁녀들 또한 법의 눈을 뜨고 성자의 길로 들어섰다. 그들은 붓다를 친견하고 싶었으나 궁중을 나갈 수 없어, 궁중 벽에 구멍을 뚫어놓고 매일 아침 붓다가 탁발하며 지나갈 때 그 구멍으로 손을 내밀어 공

양을 올리고 예배하였다.

그러나 우데나 왕의 후궁 마간디야가 왕비를 미워하여 온갖 음모를 꾀하면서 쿠주따라와 대중들은 위험에 직면하게 되었다. 마간디야는 붓다마저 증오하여 깡패들을 동원하고 시민들을 선동하여 붓다를 욕하고 핍박하였다.

어느 날 밤, 마간디야는 왕비의 궁에 불을 질렀다. 소식을 듣고 우데나 왕이 달려왔으나 불길이 이미 크게 번져 손을 쓸 수 없었다. 쿠주따라와 사마와띠 왕비, 오백 명의 궁녀들은 불길 속에서도 조금도 동요하지 않고 붓다의 가르침을 따라 마음을 통찰하였다. 몸 · 느낌 · 생각 · 안팎의 모든 현상, 이 네 가지 대상에 마음을 집중하고 여실히 통찰하였다. 그 결과, 그들은 더욱 높은 깨달음의 경지로 들어갔다. 그렇게 그들은 몸으로 담마를 실증하며 불길 속에서 고요히 불사(不死)를 실현하였다. 이 소식을 듣고, 붓다께서 설하셨다.

'마음 통찰은 죽음에서 벗어나는 길
마음 통찰 되지 않음은 죽음의 길
마음이 통찰하면 결코 죽지 않는다.

• • •
'나 '나의 것─'
이렇게 끊임없이 나(自我)를 찾는데
그 나가 어디 있는가?
실로 그것은 관념 아닌가?
나란 한갓 고정관념에 불과한 것 아닌가?

「마음을 통찰하고 있는 수행자─우리 자신들의 모습을 본다.(19세기 작품, 대영제국 도서관 소장품)」

마음 통찰이 되지 못한 사람은 이미 죽은 사람과 같다.(Dhp. 21-23)

L.A. 제자의 아름다운 회심(回心)

2001년 1월 15일.

미국 남가주 동덕여고 동창회의 초청으로 L.A.를 방문하였다. 내가 일찍 스승으로 그들에게 준 것이 별로 없건만, 실로 가슴 훈훈한 사랑과 환대를 받았다. 젊은 제자들과 어울려 오랜만에 노래방에 가서 노래도 부르고 끌려서 서툰 춤도 춰보았다. 사람 사는 풍속은 거기나 여기나 다를 바가 없어 보였다.

보름 가까이 김순정이라는 졸업생 집에 머물고 있었는데, 50대 초반의 이 제자는 미국 와서 고생 고생한 끝에 경제적으로 크게 성공하고 상당히 여유 있는 삶을 누리고 있었다. 그러면서 어려운 사람들도 많이 도와주고 동창회에도 큰돈을 기부하고 모교를 위해서도 발전기금을 선뜻 내놓고 하였다. 참으로 좋아 보였다.

거의 보름 동안 차를 타고 함께 다녔다. 그러면서 이런저런 대화도 많이 나눴다. 순정이는 매우 솔직한 편이어서 자기 느낌이나 생각을 꾸밈없이 잘 드러내곤 하였다. 그런데 듣고 보니 귀에 거슬리는 얘기도 없지 않았다. 다른 사람과의 관계나 단체활동에서 갈등을 많이 느끼고 있는 듯이 보였다.

"그들 하는 짓이 내 맘에 맞지 않는다."

"왜 나를 무시하는가? 왜 내 말을 존중하지 않는가?"

"내 생각과 어긋날 때, 참고 가만 있어야 하는가? 내 자존심이 상해도 참고 있어야 하는가? 그럼 나는 무엇인가?—"

이렇게 '나' '나의 것'이라는 1인칭을 유난히 강조하고 있었고, 자기 자존심이 손상당하는 것에 대하여 굉장한 갈등과 저항을 느끼고 있었다. 넉넉한 외적 조건에 비하여 내면은 그다지 여유 있게 보이지가 않았다. 나는 그저 묵묵히 듣고 있었다. 사람마다 살아온 과정이 다르고 사고방식이 다른데, 이 나이에 내가 뭐라고 말하기가 어려웠다.

어느 날 아침, 집을 나와 글렌데일(Glendale City) 거리를 달리고 있었다. 순정이는 역시 하소연이라도 하듯 어떤 문제에 대해서 매우 불쾌한 심정을 털어놓고 있었다. "그가 일하는 방식이 내 생각과 거리가 먼데, 내가 뭣 때문에 같이 따라야 하는가?" 이런 얘기였다. 나는 문득 한 마디 던졌다.

"순정아, 너는 자꾸 '나, 나' 하고 '내 생각, 내 생각' 하는데, '나'란 것이 어디 있느냐? '내 생각'이란 것이 어디 있는 것이냐? 어디 한번 내놔봐라. '나'란 것, '내 것'이란 것, 그것은 생각에 불과할 뿐이지, 실제로 있는 것이 아니지 않느냐? 그 생각을 놓아버리면 평화로울 텐데, 왜 자꾸 허망한 생각, 관념에 매달려서 괴로워하느냐?—"

순정이는 순간 상당히 놀라는 듯하였다. 그리고 '내가 없다' '나'란 것은 생각에 불과한 것이다. 관념에 불과한 것이다'는 말의 의미에 대해서 여러 가지 질문을 던졌다. 그리고는 잠잠하였다.

여행을 즐겁게 잘 마치고 좋은 책 선물(빠알리어 장경 PTS본 1질)도 받고 돌아왔다. 참으로 삶의 활기를 되찾게 한 좋은 여행이었다. 그리고 몇 달이 흘렀다. 어느 날 난데없이 도피안사로 전화가 걸려왔다. 순정이었다. 그런데 그는 뜻밖의 말을 털어놓았다.

"선생님이 가신 후에 제 생활이 크게 바뀌었답니다. '나란 본래 없는 것이다, 나·내 것이란 관념에 불과한 것이다'는 그 말 한 마디가 제 삶을 완전히 바꿔놓은 것입니다. 그렇게 생각을 바꾸니까 모든 문제가 해결됐습니다. 주변의 갈등들이 다 해소가 된 것입니다. 너무 너무 좋고 행복합니다. 불교 책도 열심히 읽고 있어요."

삶의 고뇌가 최상의 화두

법을 듣고 담박 깨닫는 여인
왕비와 오백 궁녀 앞에서 당당히 법을 설하는 하녀 쿠주따라
법의 눈〔法眼〕을 뜨고 성자(Ariyo)의 경지로 들어서는 오백 궁녀들
담벼락 구멍으로 붓다를 친견하고 공양 올리는 여인들
불길 속에서도 고요히 몸을 몸으로 관찰하는 여인들
마음 집중하여 죽음에서 벗어나 불사(不死)를 증거하는 여인들—
이것은 실로 크나큰 충격 아닌가?

상처받는 사람들
이런 저런 사연으로 상처받는 사람들
그러나 이 상처를 버려두고
어디서 수행할까? 무엇으로 견성할까?
시시각각 다가오는 일상의 고통 · 갈등 · 불화…
이 상처들이 화두 아니고 무엇일까?

「꼬삼비 고시따라마 숲절 터, 아쇼까 왕 돌기둥/이상일 作」

147

그러나 이것은 신화도 기적도 아니다. 엄연한 역사적 사건이다. 초기불교시대 흔히 볼 수 있었던 보통 사건이다. 불교란 본래 이런 것 아니던가?(쿠주따라 여인은 널리 알려진 초기불교의 대표적인 재가법사-여성지도자로서, 붓다는 그를 학식 제일의 제자, 설법 제일의 제자로 친히 인가하고 있다.)

붓다 담마를 듣고 즉시 견성하는 쿠주따라 여인들
　'나는 본래 없는 것이다. 그것은 관념일 뿐이다.'
　이 한 마디 담마에 눈을 뜨는 순정이, 순정이들—
　이들이 곧 깨달은 자들 아닐까? 성자(聖者), 성중(聖衆)들 아닐까?

　'어떻게 그럴 수 있을까? 어떻게 한 마디 법을 듣고 깨달을 수 있단 말인가? 깨달음이란 그렇게 쉽게 이뤄지는 것이 아니지 않는가? 오래 참선을 해야 되고, 한소식 해야 되고—.'

　아마도 많은 사람들이 이렇게 생각하고 있을 것이다. 그러나 생각해 본다. 미천한 천민 쿠주따라 · 오백 궁녀들 · 갖가지 음모로 시달리는 사마와띠 왕비, 그들이 얼마나 오랜 세월 고민하고 괴로워하며 살아왔겠는가? 갈등하면서 정신적 출구를 갈망해 왔겠는가? 그러면서도 살아가기 위하여 또 얼마나 고뇌하고 열심히 노동하였겠는가? 순정이는 또 얼마나 오랜 세월 정신적 고통으로 인하여 방황해 왔겠는가? 교회에 나가서도 해결을 찾을 수 없고, 안팎의 갈등은 더욱 쌓여가고— 그는 얼마나 열렬히 해결의 빛을 갈망해 왔겠는가? 그러면서도 인간답게 살아가기 위하여 그는 또 얼마나 고뇌하고 노력해왔겠는가?

　고요히 생각해 본다.

　이 고통과 갈등, 이 치열한 고뇌와 노력, 그리고 절실한 출구의 모색−

　이것이 수행 아니고 무엇일까? 이것이 화두 아니고 무엇일까? 이것이
활구참선(活句參禪) 아니고 무엇일까? 이것이 기도, 정진, 참회 아니고 무
엇일까? 이 이상의 절실한 수행이 또 어디 있을까? 이들의 수행이 전문적
수행자들의 그것보다 못하다 할 수 있을까? 치열한 삶의 고뇌, 일상적인
고뇌의 현장− 이것이 없다면 그것이 무슨 수행일까? 그것이 무슨 화두일
까? 그렇게 해서 깨달아본들 그것이 진정 깨달음일까? '일념삼천(一念三
千)'이라 한들 그것은 필경 관념놀이에 불과한 것이 아닐까?

　가정, 직장, 저잣거리, 얽히고 설킨 인간관계−

　이 치열한 삶의 현장에서 진실로 괴로워하고 갈등하고 좌절하고 실패하
고 물에 빠진 사람처럼 한 오라기 구원이라도 찾으려고 몸부림치고−

　이런 사람들이 깨닫는 것 아닐까?

　타오르는 불길

　죽음의 불길, 목마른 갈등의 불길−

　이 절박한 상황 속에서 살아나려고 벗어나려고 혼신으로 매달리고 몸을
관찰하고 느낌을 관찰하고 생각을 관찰하고 안팎의 현상을 관찰하고 죽음
을 관찰하고 삶을 관찰하고, 뚫어지게 절절하게 관찰하고−

　이런 사람들이 견성 해탈하는 사람들 아닐까? 불사(不死)를 체현하는
사람들, 이미 깨달아 있는 사람들 아닐까? 이것이 곧 대중견성의 길−만

인 깨달음의 원리 아닐까? 이것이 불사(不死)의 원리 아닐까?

빈 터

꼬삼비 빈 터—

어디선가 뜨거운 불기운이 느껴진다. 불길이다. 불길 가운데 쿠주따라 들이 앉아 있다. 순정이들이 앉아 있다. 불사(不死)의 깃발 휘날리며 태연 부동 앉아 있다. 불사(不死)가 연꽃처럼 피어오른다.

가난한 아이들 눈동자에서 하늘 길 열리다

___ 샹까시아에서 솟아오르는 칠보 하늘 길

망각 속의 삼계보도(三階寶道) 현장

아침 6시 15분, 아그라의 아쇼끄 호텔을 출발하여 전설의 땅 샹까시아로 향하였다. 먼 길을 달렸다. 도중에 잇다라는 작은 읍에서 버스 바퀴가 펑크나서 수리하는 동안 시골 장터를 거닐며 씽씽 달리는 인도인들의 활기찬 삶의 모습도 보고, 마인뿌라의 한 억새풀 지붕 밑에서 일흔 다섯의 노인 어른과 대화를 나누면서 돌아가신 처가 할아버지를 생각하기도 하고— 전설만큼이나 부푼 기대로 찾아온 샹까시아, 그러나 이 샹까시아를 만나는 순간 우리는 허망함으로 인하여 눈물을 삼켜야 했다.

　샹까시아(Sankasya)는 델리 동남쪽 빠크나 역으로부터 11킬로미터 지점에 위치해 있다. 현재는 샹끼사라는 숲속에 묻혀 있다. 붓다 8대 영지(靈地)의 하나이다. 샹까시아는 붓다의 불가사의한 신비와 관련 깊은 곳이다. 붓다가 하늘나라 33천으로 올라가 어머니 마야 부인을 만나고 다시 내려

• • •
'어르신, 천국의 열쇠를 갖고 계십니까?'
'여보게 젊은이, 천국문을 언제 누가 잠궜던가?
자물통이 잠겼으면 그건 천국이 아니라네.
그건 아마 지옥일 게야—.'

「상까시아의 황량한 절터—붓다는 사밧티에서 도리천으로 올라가 어머니 마야 부인을 만나 법을 설하고, 민중들의 요구로 다시 이 상까시아 숲으로 내려왔다./이상원 作」

올 때 땅에서 3갈래 보배계단이 하늘 높이 솟아올랐던 삼계보도(三階寶道)의 현장이 바로 이곳이다.

법현 · 현장 · 혜초 비구 등 옛 순례자들의 기록에 의하면, 상까시아에는 거대한 절이 있고, 삼계보도가 있는 자리 부근에는 아쇼까 대왕이 세운 석주가 있었다. 기원전 2세기경에 제작된 바라후트(Bharhut) 난간의 부조에는 붓다가 대중들을 이끌고 33천에서 하강하는 삼계보도가 아름답게 조각되어 있다.

그러나 상까시아 성지는 그 화려한 역사에도 불구하고 지금 거의 망각되고 있다. 붓다의 8대 영지 가운데 가장 황량하고 적막하다고 할까. 불교 사원은 흔적조차 찾기 어렵고, 절터에 힌두교 사원이 들어서 있다. 아쇼까 왕의 돌기둥도 깨어지고 머리 부분(獅子像)만 겨우 남아 있다. 흙과 돌로 쌓은 언덕 위에 스리랑카 스님들이 작은 불상을 모셔놓고 순례자들의 쓸쓸한 참배를 인도하고 있다. 그 밑의 작고 어둔 사당에는 불상과 삼계보도의 작은 모조품들을 모셔놓고 참배자들의 헌금을 받고 있다. 알고 보니 관리자는 힌두교도였다. 이런 사정은 여기만이 아니다.

부처님 하늘에서 내려오시다

어느 때 붓다가 사밧티 제따-숲절에 머물고 있을 때, 자이나교와 지바카교 등 경쟁적 이교도들의 훼방과 도전에 직면한 상황에서, '여래의 뛰어난 신통력을 보여달라'는 빠세나디 왕의 요청을 받아들였다.

약속된 날, 왕과 이교도들, 수많은 시민들이 암라(망고나무) 숲으로 모여들었다. 이들이 지켜보는 가운데 붓다는 갖가지 신통(神通)을 보였다. 붓다는 망고 열매를 땅에 심고는 하루 동안에 창공을 가득 메우는 거대한 망고 숲을 만들고 거기다가 꽃을 피우고 다시 열매를 맺게 하였다. 그리고 붓다는 이 망고 나무 아래서 연꽃 위에 앉기도 하고 서기도 하는 등 무수한 모습으로 나타나서는 몸으로부터 불꽃과 물줄기를 내뿜었다. 마침내 붓다는 사밧티 하늘 가득 천불(千佛)의 모습을 나타내 보였다.(이것이 바로 '사밧티의 천불화현 사건'이다. 현재 많은 절에서 천불을 조성해 모시는 것도 여기서 비롯된다. 죽산 도피안사 법당에는 청색의 천불을 서양화법으로 그려 봉안하고 있다.)

이 사건 직후 붓다는 문득 몸을 감추고 하늘나라—33천(도리천)으로 올라간다. 그곳에는 어머니 마야 부인이 생천(生天)하여 천상의 복락을 누리며 머물고 있었다. 룸비니 길 위에서 나서 생후 이레만에 어머니를 잃고 쓸쓸히 살아온 고따마 붓다의 그리움이 그를 하늘나라로 어머니를 찾아가게 한 동기였을까. 붓다는 도리천에서 석달 동안 어머니와 신(神)들, 하늘사람들(天人)에게 담마를 설하여 그들로 하여금 천상락의 집착에서 벗어나 깨달음의 길로 들어서도록 인도하였다.

그때 사밧티에서는 수많은 백성들이 부처님을 그리워하고 부처님 얼굴 보기를 갈망하고 있었다. 이때 붓다의 제자 가운데 하늘 눈(天眼) 제일인 아누룻다(阿那律) 비구가 자신의 신통력으로 도리천으로 올라가 붓다를 뵙고 땅 위의 사람들에게 돌아가기를 간청하였다. 붓다는 사랑하는 제자

- - -
친구여, 우리 하늘 높이 훨훨 날아보세.
'사람은 하늘에 오를 수 없다.—'
이것은 얼마나 어리석은 한낱 고정관념일까.
지금 밟고 있는 이 땅, 바로 여기가 천국인데.

「천불화현(千佛化現)—붓다가 사밧티 하늘에 천불의 모습을 나타내고 도리천으로 어머니 마야 부인을 찾아간다.」

의 마음을 받아들여 어머니에게 작별을 고하고 이 땅으로 내려오게 된다. 그곳이 바로 샹까시아이다.

붓다가 샹까시아 숲으로 내려오던 날, 땅 속 깊이로부터 세 갈래 보석계단 길─삼계보도(三階寶道)가 솟아올라 도리천까지 이어졌다. 가운데 계단은 칠보로 단장되고 왼쪽 계단은 수정으로, 오른쪽은 은으로 장식되었다. 모두 신들이 장엄한 것이다. 붓다는 신들에게 둘러싸여 신들의 찬탄과 공양을 받으면서 가운데 칠보계단으로 내려온다. 이때 기다리고 있던 수많은 백성들은 환호하며 그들의 붓다를 맞이하였다.

이렇게 해서 붓다의 땅위의 역사는 다시 시작되었다. 그는 누더기 입고 발우 들고 아침마다 마을로 나가 걸식하며 그들에게 담마를 설하고 축복을 내렸다.

저 푸른 하늘로 상상력의 날개를 활짝 펴고

사밧티 하늘 가득 천불을 나투고

한 알의 씨앗으로 거대한 망고 숲을 열어 보이고

33천에 올라 어머님과 신(神)들 앞에서 담마를 설하는 붓다

하늘나라로 가서 스승에게 돌아오기를 간청하는 아누룻다

땅을 뚫고 하늘 높이 솟아오르는 세 갈래 보배 하늘 길

붓다를 맞이하며 두 손 높이 들고 환호하는 샹까시아의 백성들─

이것은 무엇일까?

전설일까? 기적일까? 문학적 창작일까?

삼매력의 발로일까?

아니면 역사적 사실일까?

이 광경들을 보고 아마 많은 사람들은 의아해할 것이다.

'그게 아닌데

불교는 그런 신비와 기적의 종교가 아닌데

아마 내려오는 한갓 전설이겠지.'

'불교는 깨달음의 길이다', '깨달음은 지혜이며 지혜는 곧 냉철한 이성(理性)이다', 이렇게 사고하는 이들에게 이런 신통 기적은 얼마나 황당한 것일까? 불교 속에 묻어 내려온 불필요한 장식으로 보일까? 많이 양보해서 민중 교화를 위한 방편시설쯤으로 보아줄까? 실제로 많은 학자들은 그렇게 인식하고 있지 않은가? 그래서 그들은 신비적 요소는 철저하게 삭제하고 믿을 수 있는 사실만으로 붓다사(佛陀史)를 쓰고 있는 것이 아닌가?

그러나 그렇게 치부하기에는 너무도 많고, 그리고 너무도 방대하지 않은가? 전생 역사로부터 대입멸에 이르기까지, 고따마 붓다의 생애는 너무도 방대한 신통 기적들로 가득 넘치고 있는 것이 아닌가? 붓다의 걸음걸음마다 끊임없이 브라마(梵天)들 · 하늘신들이 나타나고, 붓다에게 찬탄의 노래를 부르고, 마라(魔羅)들 · 악마들이 나타나고, 붓다를 방해하고 유혹하고—.

사밧티 하늘 가득 나투는 천불

도리천에서 어머니를 위하여 담마를 설하는 붓다

하늘 높이 솟아오르는 샹까시아의 삼계보도

붓다 앞에 끝없는 찬탄의 노래를 부르는 하늘신 브라마

매번 실패하면서도 끈질기게 붓다를 방해하고 유혹하기를 꾀하는 마왕 빠삐야스—

어째 신기하지 않은가? 구름 타고 달리는 손오공과 사오정을 보듯, 헤리포터의 빗자루를 타듯, 신기하고 신명나지 않은가? 우리도 저 오색구름 타고 푸른 하늘 달리고 싶지 않은가? 일곱 빛깔 무지개 타고 하늘나라 오르고 싶지 않은가? 저 신비의 세계, 동화 같은 상상의 세계로 나르고 싶지 않은가?

다른 여러 가지 의미들을 제쳐두고, 여기서 우리는 이런 신통 기적들이 지니는 정신적 역할에 주목하게 된다. 곧 초월적 신통 기적들을 통하여 인간들의 폐쇄적 고정관념, 곧 낡은 식(識, vinnan)을 타파하고 인간의 상상력을 확장함으로써 깨달음을 드러내게 하는 정신적 기능을 주목하는 것이다. 이것은 붓다가 보이는 신통 기적이 단순히 환상적 엽기적인 얘기가 아니라 인간의 본원적 상상력과 창의력을 일깨우는 깨달음의 한 수단, 곧 정상적인 붓다 담마의 한 부분이 된다는 것을 의미한다.

따라서 신통 기적은 전설이니 장식이 아니라 꼭 필요한 붓다 담마가 되는 것이다. 이러한 사실은 초기경전의 구성 가운데 미증유법(未曾有法), 곧 '신통 기적'이 필수적인 요소로 인정되고 있는 것을 통해서도 입증되고 있는 것이다.

우리가 굳게 믿고 있는 냉철한 이성(理性)

서양 철학에서 절대시하는 이성(理性, reason)—

생각해 보면, 이것은 한갓 식(識) 놀음·알음알이, 곧 분별망상에 불과한 것일지 모른다. 아무리 좋게 봐도, 인간 정신의 지극히 작은 한 부분—의식(意識)에 지나지 않는 것일지 모른다. 그러나 우리는 본래로 무한한 정신영역—무의식(無意識)의 세계를 지니고 있는 것이 아닌가. 인간의 뇌(腦)는 헤아릴 수 없는 광활한 지평을 지니고 있다는 것이 현대 과학의 결론 아닌가.

돌이켜보면, 우리는 어린 시절 할아버지 할머니가 들려주는 엽기적인 옛날 얘기들을 들으면서, 어머니가 머리맡에서 읽어주는 동화를 들으면서, 끝없는 상상력의 세계를 키워온 것이 아닌가. 지금 아이들은 컴퓨터 게임을 통하여 그들의 상상력·창의력을 키워내고 있는 것이 아닌가.

사밧티 하늘 가득 천불을 나투시는 붓다

33천에 올라 어머님과 신들 앞에 법을 설하는 붓다

칠보의 하늘길을 따라 상까시아 숲으로 돌아오는 붓다 석가모니

이 붓다를 맞으며 환희하고 춤추는 민중들—

이것은 얼마나 장엄한 '환타지(fantasy)의 세계'인가? 이 환타지 세계를 통하여, 우리들은 메마른 일상의 상식으로부터 해탈하여 저 푸른 천공(天空)을 얼마나 자유자재 유영하고 있는가? 무변광대한 상상의 세계를 얼마

• • •
상까시아
무너져 내린 황량한 빈 숲
보잘것 없는 선물 차례 기다리는 까만 아이들
그들 맑은 눈에서 천불(千佛)을 본다.
그들 맑은 눈에서 칠보 하늘 길이 열려온다.

「상까시아의 푸르른 숲」

나 끝없이 한없이 확장해 가고 있는가? 이것은 얼마나 아름다운 축복인가? 이러한 상상력의 비상이 없다면 인간의 창의력은 어떻게 가능할까? 과학적 비약은 어떻게 가능할까?

상까시아 하늘계단은 어디로 통하는가

신비한 기대를 품고 상까시아를 찾은 순례자들을 기다리는 것은 초라한 흙돌 언덕과 새까맣게 모여드는 영양실조의 현지민 아이들이다. 다른 성지에서 흔히 볼 수 있는 발굴의 흔적도 전혀 찾아볼 수 없다. 상까시아, 상까시아의 신비는 빈 숲속에 철저히 방치되고 있다. 철저히 망각되고 있다고 해야 할 것이다.

하늘 땅 이어주는 찬란한 칠보의 하늘 길

빈 숲속에 새까맣게 모여드는 영양실조의 가난한 아이들—

장엄한 신비의 땅 상까시아가 보여주는 너무도 어처구니없는 이 극단의 대칭 구도 앞에서 일행들은 실망할 기력조차 빼앗긴 채 무심히 서 있다. 그러다가 정신들을 차리고 몰려든 아이들에게 배지를 달아주기 시작한다. 아이들이 사정없이 모여든다. 배지를 하나씩 가슴에 달고 좋아한다. 이 아이들은 사람의 정이 그리운 것일까? 우리가 저들을 속이고 있는 것은 아닐까?

흘러내리는 눈물을 닦을 염도 내지 못하고, 나는 도피안사 보살님들과 함께 몰려든 아이들을 줄 세우고 마련해온 배지를 그들 가슴에 하나하나

달아준다. 가까이 가서 보니 그 아이들 눈은 하늘빛으로 맑고 투명하다. 그들의 미소는 천사보다 더 순수하고 행복해 보인다. 보잘것없는 배지 하나로 이렇게 만족하고 행복해할 아이들이 이 세상에 또 있을까? 이들이야말로 하늘 아이들 아닐까?

아이들 속에서, 아이들을 바라보며, 나는 그때의 삼계보도를 상상해 본다. 땅에서 솟아오르는 칠보의 하늘 길, 뭇 신(神)과 사람들의 환호를 받으며 하늘에서 내려오는 붓다— 저 하늘 길은 무엇으로 열리는 것일까? 저 칠보 찬란한 하늘 길은 무엇으로 인하여 솟아나는 것일까? 저 하늘 길을 여는 열쇠라도 어디 감춰져 있는 것일까? 하늘나라 가고 오는데 정말 무슨 열쇠라도 있는 것일까? 문득 숲 깊은 곳에서 목소리가 울려온다. 놀라 돌아보니 마하빠자빠띠 장로니다. 고따마를 길러준 양모 마하빠자빠띠 장로니가 나를 보고 낭랑히 말하고 있다.

"실로 많은 사람들을 위하여
마야 부인은 고따마를 낳았네.
질병과 죽음의 고통에 얽매인 사람들을 위하여
마야 부인은 많은 고통 덜어주었네." (Thig. 182)

'그래, 이들이야. 바로 이 사람들이야.

이 가난하고 병든 사람들, 영양실조로 누렇게 뜬 아이들, 이들이 바로 마야 부인께서 생각하던 그 많은 사람들이야. 마야 부인의 아드님 붓다께서 항상 찾으시던 그 사람들, 그 일체 중생이야.

그래, 하늘나라는 이들 가운데 있는 거야. 하늘 길은 이 사람들, 이 아이들 가운데서 열리는 거야. 마야 부인, 부처님은 이들 가운데 계시는 거야. 이들 가운데로 내려오시는 거야. 2천 6백년 전에도 그랬고, 지금도 그래. 찬란한 삼계보도의 하늘 길은 이들 가운데서 솟아오르는 것, 칠보 찬란한 하늘 길은 이들 속으로 통하는 것, 하늘 문을 여는 열쇠는 바로 이들이야. 이 아이들이야. 천상의 땅 샹까시아는 정녕 여기가 맞아. 가난하고 병든 사람들의 마을, 여기가 맞아.'

샹까시아 빈 숲이 이렇게 아름다울 수가 없다.

아이들의 까만 눈망울이 이렇게 빛날 수가 없다. 그들 눈망울 속에서 무지개빛 하늘 길이 열려오고— 샹까시아 푸른 하늘 가득 천불(千佛)의 모습이 선명히 드러나 보이고— 새로운 세상, 하늘 아이들 세상이 신화처럼 열려온다. 우리 의식 속의 찌든 속세가 뿌얀 먼지를 일으키며 폭삭 무너져 내린다. 분홍빛 연꽃들이 송알송알 솟아오른다. 그래, 신천지는 이렇게 열리는 거야. 어깨춤이 절로 난다.

언제 죽었기에 부활일까

___ 강가 (갠지스) 강에 떠다니는 오온 껍질들

힌두의 성수(聖水) 강가 강의 실상

새벽 5시 기상, 강가 강으로 나갔다. 벌써 많은 관광객들이 모여 왔다. 장사꾼들이 모여 왔다. '원 달러, 쌉니다.' 등불 파는 남정네들의 한국말이 유창하다. 새벽안개, 뿌연 강, 강바람이 차다. 배를 빌려 타고 안개 속으로 들어간다. 유등(流燈)을 띄운다. 무엇을 빌어볼까? 여인들이 찬 강물을 뒤집어쓴다. 강 건너편 모래사장, 아침 햇살이 반갑다.

강가(Ganga)는 갠지스의 인도 명칭이다. 중국의 역경가들은 '항하(恒河)'라고 번역하였다. 힌두 설화에 의하면, 바기라타 선인(仙人)이 고행을 잘 하여 천신을 만족하게 한 뒤, 천신에게 청하여 천계(天界)에 흐르는 강을 땅으로 흘러내리도록 하였다. 그때 물이 한꺼번에 쏟아지면 홍수가 나게 되니까 시바신이 강물을 정수리로 받아서 7갈래로 흘러내리게 하였다. 이 7갈래가 인도 대륙을 흐르는 대하(大河)들인데, 강가 · 아무르 · 고다바

164

리 등이 그 대표적인 강들이다.

강가 강은 인더스 강과 더불어 인도문명의 원천이며 인도인들의 삶의 젖줄로 인정된다. 보다 중요한 것은 강가 강이 인도인들의 신앙과 밀접히 관련되어 있다는 사실이다. 힌두교의 경우는 더욱 그러하다. 힌두교는 강가 강을 떠나서 생각할 수 없을 정도로 이 강은 정신적으로 거의 절대적인 의미를 지니고 있다. 강가 강은 시바신의 강이다. 시바신의 신비한 능력이 흐르는 강이다. 따라서 시바신을 지극히 숭배하는 힌두인들은 이 강가 강 또한 지극히 숭배한다.

힌두인들은 이 강가 강에 와서 그 물을 마시고 그 물에 목욕하는 것을 가장 신성한 의식으로 믿고 있다. 일종의 세례 같은 것이다. 이 물을 마시고 이 물에 목욕하면 평생의 악업이 정화되고 죽어서 천상으로 간다고 믿고 있다. 그래서 힌두인들은 죽어서 그 유골[재]을 이 강가 강에 흘려보내기를 갈망하고 있다. 간디를 비롯한 현대 인도의 지도자들도 죽어서 그 유골은 모두 이 강가 강물에 흘려보냈다.

강가 강 유역에서 화장하는 광경을 보는 것은 흔한 일이다. 강을 따라 노천 화장터가 군데군데 눈에 띈다. 화장 방식도 간단하다. 시신을 옷감으로 싸서 장작더미에 올려놓고 불을 붙이면 그만이다. 돈 많은 사람들은 장작더미를 높이 쌓고 가난한 사람들은 몇 개피로 태우고— 가족들이라도 소리 내어 울지 않는다. 힌두교의 브라만(승려)이 주문을 외고 있을 뿐이다. 생사에 별로 관심이 없어 보인다. 강물 여기저기 다 못 탄 유골이 떠다녀도 무심하다. 그 물을 마시고 목욕한다. 해탈한 경지일까? 삶의 고통에 너무 찌들린 체념 탓일까?

강가 강
멀리 어둠을 뚫고 밝아오는 아침
뿌연 안개 가득 밀려오고
천국 가려는 사람들 욕심 가득 밀려오고─

「강가(Ganga, 恒河) 강의 여명」

강가 강은 또 다른 의미에서 붓다와 관련 깊다. 보드가야 · 바라나시·
라자가하 · 사밧티 · 꼬삼비 · 베살리 등 초기불교의 주요 도시들이 모두
이 강가 강 유역에 위치해 있다. 붓다와 초기불교운동의 주역들은 이들 강
가 강 중류지역 도시들을 전진기지로 삼아서, 거대하고 무한한 강가 강의
물길같이, 끝없는 열정과 신념으로 동서남북으로 흘러나가 인도 대륙을
풍성히 적신다. 그렇게 해서 머지않아 'Buddhist India'를 개척하는 데 성
공하였다.

강가 강
성스러운 갠지스 강
끊임없이 인도 대륙을 넘쳐흐르는 영원의 강 항하(恒河)
붓다 담마를 싣고 나르는 붓다의 강―
이 강을 통하여 항하의 모래알같이 헤아릴 수 없는(恒河沙數) 사람들이
붓다 담마를 만나고 그 물을 마시고 그 물에 목욕하고 그 물로 눈을 씻고
맑고 깨끗해지고 해탈하고 생사의 고리 끊고 고통의 멍에 벗어났다.

뿐나까 비구니와 목욕행자

뿐나까 비구니 스님이 한 목욕행자(沐浴行者)에게 말하였다.

뿐 나 까 : (출가하기 전) 나는 물긷는 하녀로서 추운 날에도 항상 물 속에 들
　　　　　어갔습니다. 주인 부인들에게 벌받는 것이 두려워서, 그리고 꾸

• • •
목욕하고 몸을 씻는다고 죄가 소멸될까?
세례 받고 성수(聖水) 마신다고 천국 갈 수 있을까?
그렇다면 개구리 · 거북이 · 물뱀 · 악어들은 모두
천국에 태어날까?

「강가 강—갠지스 강의 아침 풍경. 많은 사람들이 물에 들어가 몸을 씻고 있다.」

지람 듣는 것이 질리도록 두려워서―. 목욕행자님, 당신은 누가 두려워 항상 물 속에 들어갑니까? 그대는 손발을 떨면서 매우 추워하고 있군요.

목욕행자 : 뿐나까 스님, 당신은 내가 선한 일을 하고 악한 일은 하지 않는다는 사실을 알면서도 그런 질문을 하시는구려. 노인이든 젊은이든 무릇 악한 일을 하면, 그는 목욕함으로써 악업에서 벗어날 수가 있습니다.

뿐 나 까 : 대체 누가 스스로 무지하면서 무지한 남에게, 목욕하면 악업에서 벗어날 수 있다고 말할 수 있습니까? 혹시 그렇다면, 개구리·거북·물뱀·악어, 그 밖의 물 속을 헤엄치고 다니는 것들은 모두 하늘나라에 태어날 수 있겠군요? 또 양과 돼지를 잡는 도살꾼이나 낚시꾼·사냥꾼·도둑·망나니, 그 밖의 악업을 짓는 모든 사람들이 목욕함으로써 악업에서 벗어날 수 있겠군요?

목욕행자님, 만일 이 강물의 물줄기가 이전의 악업을 씻어간다면, 이 물줄기는 또 선업까지도 씻어가겠군요? 그러면 그대는 선도 악도 씻어보내고 그 어디에 서 있겠습니까? 목욕행자님, 그대 항상 두려움에 떨며 강물로 들어가는 일은 이제 그만두셔요. 냉기가 그대의 피부를 상할까 염려됩니다.

목욕행자 : 그대는 그릇된 길을 걷고 있는 저를 바로 그 존귀한 길로 이끌어 주셨습니다. 스님, 저는 이 목욕 옷을 스님께 바치겠습니다.

뿐 나 까 : 목욕할 때 입는 이 옷은 그대가 그냥 가지십시오. 저는 욕심이 없습니다.(Thig. 237-244)

내생에 태어나지 않는 것이 깨달음일까?

추운 새벽 강가 강에 들어가

뿌옇게 흐린 물을 마시고

강물에 목욕하고

악업을 씻어버리려는 사람들―

장작더미에 시신을 얹어 불태우고

그 유골을 강물에 띄우고

천상 세계를 간절히 염원하는 사람들

시바의 사람들, 힌두 사람들―

강가 강 건너편 모래사장을 거닐면서 나는 깊은 명상에 잠겨든다. 아침 햇살이 퍼지면서 목욕하는 힌두 사람들의 모습이 더욱 뚜렷이 드러난다. 타다 남은 갈비뼈가 수면 위로 불쑥 떠오른다. 나는 문득 묻고 있다.

'저렇게 해서 과연 저들의 악업이 씻겨질까?

저들의 영혼이 평생의 악업을 씻고 천상으로 올라갈 수 있을까?

개구리, 거북, 물뱀, 악어… 이들도 모두 천상으로 올라갔을까?'

해탈이 무엇일까?

생사 해탈이 무엇일까? 죽음으로부터 벗어난다는 것이 무엇일까?

담마를 깨닫고 아라한이 된다는 것이 무엇일까? 성불한다는 것이 무엇일까? 내생에 다시 태어나지 않는 것일까? 윤회에 들지 않는 것일까? '내

생에 다시 태어나지 않는다'는 그 생각 또한 번뇌 아닐까? 정녕 우리가 내생에 다시 태어나지 않기 위해서 사는 것일까? 그런 것이라면 태어나지 않는 것이 구원 아닐까?

영생(永生)이 무엇일까?

영생불멸이 무엇일까? 안 죽고 이 몸으로 영원히 산다는 것일까?

하늘나라로 간다는 것이 무엇일까? 하늘나라에 가서 안 죽고 이 몸으로 온갖 복락 누리며 영원히 산다는 것일까? 죽음을 죽음으로 남겨두고 이것이 가능할까? 죽어서야 얻는 영생이 무슨 의미가 있는 것일까? 죽음 반대편에 있는 영생이 무슨 의미가 있는 것일까?

강물에 들어가 물을 마시고 목욕한다고 악업을 씻고 천국으로 갈 수 있을까? 신에게 기도하고 외친다고 영생의 복락을 누릴 수 있을까? 신이 인간을 만든 것이라면, 그 신은 또 누가 만들어낸 것일까?

오온(五蘊)의 메시지

어느 가을 날 오후, 안산 상록수 역에서 당고개행 4호선 전철을 탔다. 자리에 앉아 눈을 감고 '하나—둘—' 호흡을 헤아리고 있었다. 그때 옆자리의 한 중년 부인이 친절하게 말을 걸어왔다.

"아저씨—"

"네?"(할아버지라고 안 부르는 게 고마워서 얼른 눈을 뜨고 대답했다.)

"아저씨는 교회 안 나가세요?"

"네? 교회요? 왜 교회 나가야 합니까? 왜 교회 나가야 한다고 생각합니까?"

"부활하기 위해서죠."

"부활? 부활이 뭡니까?"

"죽어서 다시 살아나는 것이지요. 사람은 누구나 다 죽는 거랍니다."

"죽어서 다시 살아난다? 아주머니는 그런 사람 보셨습니까? 죽었다가 다시 살아난 그런 사람 보셨어요?"

"예수님께서 다시 살아나셨지요. 죽은 뒤 삼일만에 부활하셨죠."

"예수님이 언제 죽었던가요?"

"네?"

"예수님이 언제 죽었습니까? 언제 죽었기에 다시 살아났다고 합니까? 예수님은 죽지 않았어요. 죽은 일이 없어요. 그래서 부활한 일도 없구요. 살아 있는 예수님을 죽이지 마세요. 예수뿐만 아니라 사람은 누구든 죽지 않아요. 생명은 그 자체로 죽지 않는 것입니다. 불사(不死)인 것입니다. 죽는 것은 생명이 아니에요. 생겼다 죽었다 하는 것은 공장제품이지, 결코 생명이 아닌 것입니다. '죽는다, 산다' 하는 것은 육신을 생명으로 착각한 때문인 거죠. 아주머니—"

"네?"

"아주머니도 죽지 않아요. 아주머니도 불사(不死)이십니다. 지금 이대로 영생불멸이시니까 두려워하지 마세요. 두려워서 교회 나가지 마세요. 좋은 일 하러 교회 나가세요. 교회 나가서 이웃 사랑하는 좋은 일 열심히 하십시오."

"…"

그래, 그런 거야. 불사(不死)인 거야. 우리는 모두 불사인 거야. 예수도 나도 모두 불사인 거야. 생명은 본래로 불사인 거야. 불사가 무엇일까? 죽지 않는다는 것이 무엇일까? 어떻게 죽지 않는다고 말할 수 있을까? 생자필멸(生者必滅)인데 어떻게 죽지 않는다고 할 수 있을까? 오늘도 이렇게 수없이 죽어 가는데 어떻게 죽지 않는다고 할 수 있을까?

문득 『반야심경』 한 구절이 귓전을 울린다.

'이 까닭으로 문득 생각을 텅— 비우면

부딪침〔色〕도 없고 느낌〔受〕과 생각〔想〕, 행위〔行〕, 의식〔識〕도 없고

눈 귀 코 혀 몸 의식도 없고

물질 소리 향기 맛 접촉 사물도 없고

눈으로 보는 경계 내지 의식으로 생각하는 경계도 없고

어둠도 없고 어둠 사라짐도 없고

늙고 죽음도 없고 늙고 죽음 사라짐도 없고…'

그래 이거야, 바로 이런 것이야.

늙고 죽는다는 것, 이것은 없는 것이야.

태어나고 늙고 죽는다는 것, 이것은 본래로 없는 것이야.

늙고 죽는다는 것, 이것은 우리 생각이 만들어낸 생각의 그림자야. 어둔 식(識)의 그림자, 무의식(無意識)의 그림자일 뿐이야. 이 육신 덩어리를 보고, '이것은 나이다' '이것은 나의 것이다'고 고집하는 어둔 생각〔無明識〕의 그림자일 뿐이야. 오온(五蘊)이라는 어둔 자아의식의 그림자일 뿐이야.

지금 우리는 그림자에 속고 있는 거야. 제 그림자를 보고 날뛰는 망아지같이, 내 그림자를 보고, '이것은 늙음이다' '이것은 죽음이다', 이렇게 놀라고 두려워하고 있는 거야. 그래서 '영생을 누려야지' '하늘나라 가서 부활해야지', 이렇게 욕심내고 있는 거지. '해탈해야지' '확철대오해서 대자유인 돼야지', 이렇게 오기를 부리고, 평지풍파를 일으키고 있는 거지.

그래, 텅— 비우면 되는 거야.
'나'라는 생각, '나의 것'이라는 생각, 그 생각을 텅— 비우면 되는 거야. '나'라는 것, '나의 것'이라는 것, 이것은 다만 생각일 뿐이야. 관념일 뿐이야. 눈·귀·코 등으로 조작해 낸 관념일 뿐이야. 부딪치고[色] 느끼고[受] 생각하고[想] 행위하고[行] 의식하고[識]— 이렇게 오온으로 조작해 낸 고정관념일 뿐이야. 이 생각 비우면 족해. 이 고정관념 비워버리면 그것으로 족해. 더 해설하고 더 생각할 게 없어. 오늘 하루 열심히 살면서, 피땀 흘리며 열심히 살면서, 열심히 함께 나누면서, '나'라는 생각, '나의 것'이라는 생각, 이 생각을 텅— 비우면 그것으로 족한 거야. 그것으로 불사(不死)인 거야. 불사란 바로 이런 것이지. '나'라는 생각, '나의 것'이라는 생각— 이런 생각들을 텅 비우는 것이 불사이지. '나' '나의 것'이라는 오온의식, 어둔 자아의식 씻어버리는 것이 바로 불사인 거지. 저 강가 강물에 들어가 정작 씻어버려야 할 것은 바로 이것이지. 그래서 붓다와 대중들은 이 강가 강 물길 위로 동서남북 내달리며, '씻어버려라, 내던져버려라, 나라는 생각, 나의 것이라는 생각, 오온 생각을 저 강물 속에 내던져버려라,' 이렇게 불사(不死)의 깃발 휘날리며 내달린 것이지. 그렇게 해서 강가 강은 불사

(不死)의 강이 된 것이지―.

   강가 강 모래 언덕에 햇살이 따사롭다. 나는 물 속에 있는 사람들을 향해서 큰 소리로 외쳤다.

   "여보게, 친구들. 어서 이리로 나오게나. 강물이 차가우이. 그러다가 감기 들겠네. 정작 씻어버려야 할 것은 따로 있다네.

   친구들, 어서 이리로 나오게나. 여기는 햇살이 따뜻하다네. 커피라도 한 잔 하면서 세상사는 얘기나 나누세. 높은 사람들 험담도 좀 하고 옆자리 아주머니의 섹시한 몸매 얘기도 몰래 해 보세나. 하하하―."

흔들리는 이 몸 가누면서

___ 베살리에서 찾아낸 자등명 법등명

마음의 고향, 베살리

여기가 베살리다. 밧지족의 서울.

마음의 고향, 불교도들의 마음의 고향이다.

하늘 가린 흐린 구름―

'아난다야, 이것이 내가 베살리를 보는 마지막이로구나―'

북쪽 성문을 나서는 그때의 노(老)붓다를 생각하니 마음이 우울해진다.

베살리(Vesali)는 빠트나 역에서 내려 강가 강을 건너 북북서 방향으로 약 30킬로미터 지점, 간다키 강줄기에 있는 바살라 마을로 비정되고 있다. 마하바나(大林精舍)―큰숲절의 유적지로 추정되는 곳에서 붓다의 사리탑과 아쇼까 왕의 돌기둥이 발굴되었고, 이 돌기둥에는 가장 잘 보전된 사자상이 붓다가 마지막 길을 떠난 북녘을 향하여 앉아 있다. 돌기둥 남쪽에는 연못이 있는데, 이 연못은 붓다 당시 '원숭이 왕이 꿀을 따서 붓다에게 공양했던 사건(猿侯奉蜜)'의 그 원숭이 연못으로 밝혀지고 있다. 발굴 결과 이곳이 중각강당(重閣講堂) 터로 추정되고 있다.

베살리는 불교 역사와 관련 깊은 도시이다. 붓다가 가장 사랑했던 마음의 고향 같은 곳이라고 할까. 붓다가 이 도시를 특히 가까이 했던 것은 이 도시가 당시 북동 인도의 살벌한 전제군주적 상황에서 자유와 진취적 기상을 존중했던 리차비 공화국의 수도인 점이 크게 작용한 것으로 보인다. 이 공화국의 주인공은 밧지족으로서, 그들은 리차비 공화국과 비데하 공화국으로 구성된 밧지 연맹(Vajji Federation)을 형성하고 있었다.

그들은 강가 강의 수로를 이용하여 활발한 교역활동을 전개하였다. 도시경제가 발달하고 많은 자산가들이 등장하였다. 도시의 분위기는 자유롭고 개방적이며, 시민들은 토론과 공의(公議)를 좋아하였고, 따라서 비판적이고 도전적이었다. 불멸(佛滅) 백년경 교단의 보수화에 반발하여 '열 가지 논쟁(十事論爭)'을 제기한 것이라든가, 대승불교의 선구자로 평가되는 유마거사가 베살리 출신으로 설정되는 것도 베살리의 이러한 역사적 특성과 관련이 깊다. 붓다가 비구니 승단의 창설을 처음으로 인가한 것도 이 베살리이고, 붓다에게 망고동산을 헌납한 창녀 암바발리도 이 도시 출신이다.

벨루바의 대법문(自燈明 法燈明)

붓다가 이 베살리를 마지막으로 방문한 것은 전법 45년, 기원전 545년, 그의

178

'아난다야, 나는 이제 여든 살, 늙고 쇠하였구나.
마치 낡은 수레가 가죽끈에 묶여 간신히 굴러가듯
나 또한 가죽끈에 묶여 간신히 굴러가고 있느니라.
아난다야, 너희는 자신을 등불 삼고 담마를 등불 삼아라.'

「베살리의 스뚜빠(사리탑)와 아쇼까 왕의 돌기둥과 돌사자-기원전 544년경. 여기서 팔순의 노(老) 붓다
는 자신의 죽음을 예고한다.」

연세 80세 되던 때이다. 그때 팔순의 노(老)붓다는 라자가하 독수리봉을 출발하여 북쪽으로 유행하고 있었다. 붓다 최후의 전법행진이다. 붓다는 베살리 근교 벨루바 마을에 도착하여 마지막 안거를 보내게 되는데, 갑자기 큰 병에 걸려 사경을 헤매게 되었지만, 붓다는 잘 참고 견뎠다. 가까스로 회복되자 근심에 차서 지켜보고 있던 아난다 비구가 기뻐하며 문안을 올렸다.

"스승이시여, 저는 스승께서 제게 교단 문제에 대하여 아무 말씀도 안 하시고 돌아가시리라고는 생각하지 않았습니다."

"아난다야, 그대들은 나에게 무엇을 더 기대하고 있느냐? 아난다야, 나는 안과 밖이 다르지 않은 담마를 설하였느니라. 아난다야, 또 어떤 사람이, '내가 대중의 모임을 맡고 있다'든가, '대중들은 나를 존중해야 한다'고 생각한다면, 그에게 승단에 관해서 말하도록 하여라. 그러나 아난다야, 여래는 그렇게 생각한 적이 결코 없느니라. 따라서 내가 대중의 모임에 관하여 어떤 지시를 한다는 일은 있을 수 없느니라.

아난다야, 나는 이제 여든 살, 늙고 쇠하였구나. 마치 낡은 수레가 가죽끈에 묶여 간신히 끌려가듯, 나 또한 가죽끈에 묶여 간신히 끌려가고 있느니라.

아난다야, 그런 까닭에 그대들은 자신을 등불 삼고 자신을 귀의처로 삼아라. 남을 귀의처로 삼지 말라. 담마를 등불 삼고, 담마를 귀의처로 삼아라. 다른 것을 귀의처로 삼지 말라.

아난다야, 수행자가 자신을 등불 삼고 담마를 등불 삼는 것이 어떻게 하는 것이겠느냐?

아난다야, 수행자가 열심히 정신 집중하여 몸을 몸으로 분명하게 잘 관찰하고, 세상에 대하여 모든 갈애와 탐욕을 떠나는 것, 이것이 곧 자신을 등불 삼고 담마를 등불 삼는 것이니라. 나아가 느낌·생각·현상에 대하여 분명하게 잘 관찰하고 세상에 대하여 갈애와 탐욕을 떠나 사는 것, 이것이 수행자가 자신을 등불 삼고 담마를 등불 삼는 것이니라.

아난다야. 어떤 수행자가 자신을 귀의처로 삼고 담마를 귀의처로 삼으며 다른 것에 귀의하지 않고 살아간다면, 내가 살아 있을 때나 내가 입멸한 다음일지라도, 이런 사람들은 최고의 경지에 이를 것이니라."

그리고 붓다는 얼마 뒤 이렇게 예고하였다.

"아난다야. 나는 석 달 뒤에 열반에 들 것이다."

이 소식을 듣고 수많은 베살리 백성들 남녀노소가 통곡하며 붓다 뒤를 따라왔다. 붓다가 만류하였으나 백성들이 울며 따라오기를 멈추지 않자, 붓다는 신통력으로 자신과 그들 백성들 사이에 강을 만들어 그들을 막았다. 통곡하는 백성들에게, 붓다는 자신의 발우를 주며 위로하였다.(스승과 제자, 이 애절한 이별 지점으로 추정되는 간디카 강변에 현재 거대한 스뚜빠가 남아 있고 아마라밧타에서 출토된 부조에는 이 이별 장면이 생생히 묘사되어 있다.)(DN. 2. 101)

일상의 삶, 이 아름다운 평화

2002년 5월 10일 금요일.

새벽 4시, 도량석 목탁소리에 맞춰 자리를 박차고 일어나며 큰 소리로 외친다.

"마하반야바라밀

우리도 부처님같이 헌신 봉사하리.

대광명(大光明)―"

문득 지난밤의 미몽(迷夢)이 사라진다. 온몸 가득 생명 기운이 넘쳐흐른다. 세수하고 법당으로 올라간다. 부처님께 삼배 올린다.

'부처님, 우리 스승 붓다 석가모니

팔십 평생 절절한 삶의 길 열어보이소서.

대비중생 고행 난행

그 절절한 삶의 길 열어보이소서.

저희도 부처님같이 살기 원합니다.

만분의 일이라도 만분의 일이라도

부처님같이 살기 원합니다.

부처님, 여실지견하여지이다.

저희는 아직 깨닫지 못했습니다.

한창 배워야 할 것이 많습니다.'

방석 위에 반가부좌로 앉는다. 허리를 곧게 펴고 숨을 들이쉬고 내쉬면서 배의 움직임을 관찰하면서 호흡을 헤아린다.

하나 둘 셋… 열

하나 둘 셋… 아홉

하나 둘 셋… 여덟

…

하나

호흡이 고요한 가운데 마음을 한곳으로 집중하여 관(觀)한다.

「이것은 몸이다.

머리·가슴·배·팔·다리ㅡ

이 몸은 무상하고 텅ㅡ 빈 것이다.

찰나생 찰나멸

끊임없이 늙고 병들고 소멸되어 가는 것

집착할 아무것도 없는 것이다.

식(識)놀음, 오온놀음

싫어하고 버리고 떠나가면 대광명

천지의 생명 기운 넘쳐 흐른다.

이것은 느낌이다.

기뻐하고 슬퍼하고 즐거워하고 괴로워하고ㅡ

이 느낌은 무상하고 텅ㅡ 빈 것이다.

찰나생 찰나멸

끊임없이 변하고 소멸되어 가는 것

집착할 아무것도 없는 것이다.

식(識)놀음, 오온놀음

싫어하고 버리고 떠나가면 대광명

천지의 생명 기운 넘쳐 흐른다.

이것은 마음이다.

욕심내고 성내고 고집부리고 남 무시하고 의심하고—

이 생각은 무상하고 텅— 빈 것이다.

찰나생 찰나멸

끊임없이 변하고 소멸되어 가는 것

집착할 아무것도 없는 것이다.

식(識)놀음, 오온놀음

싫어하고 버리고 떠나가면 대광명

천지의 생명 기운 넘쳐 흐른다.

• • •

하나— 둘— 천천히 호흡을 헤아리며 마음통찰(4념처)—

'이것은 몸이다. 이 몸은 무상하고 텅 빈 것이다.

이것은 느낌이다. 이 느낌은 무상하고 텅 빈 것이다.

이것은 마음이다. 이 마음은 무상하고 텅 빈 것이다.

이것은 안팎의 현상이다. 이 현상은 무상하고 텅 빈 것이다.'

—붓다의 참선법

「베살리, 아쇼까 왕의 돌기둥과 돌사자」

이것은 안팎의 현상들이다.

가고 오고 나고 죽고 흥하고 망하고 싸우고 화해하고—

이 현상들은 무상하고 텅— 빈 것이다.

찰나생 찰나멸

끊임없이 변하고 소멸되어 가는 것

집착할 아무것도 없는 것이다.

식(識)놀음, 오온놀음

싫어하고 버리고 떠나가면 대광명

천지의 생명 기운 넘쳐 흐른다.

이 몸, 이 느낌, 이 마음, 이 안팎의 현상들—

제행(諸行)은 무상하고 텅— 빈 것이다.

찰나생 찰나멸

끊임없이 변하고 소멸되어 가는 것

집착할 아무것도 없는 것이다.

식(識)놀음, 오온놀음

싫어하고 버리고 떠나가면 대광명

천지의 생명 기운 넘쳐 흐른다.

우리도 부처님같이 헌신 봉사하리.

이 세상 짐을 지고

낡은 수레같이 굴러가리.」

—이것이 붓다의 참선법이며, 자등명 법등명의 활구이다.

새벽 여명 속에 삼매의 향기가 몸 가득히 스며든다.

두 시간 동안 기도 정진이 계속된다. '지장보살'을 염하며 백팔배를 올린다. 이마에 땀방울이 송송 맺힌다. 마지막 목탁에 맞춰 부처님 앞에 엎드린다. 대광명 삼매가 환히 열려온다.

아침 6시, 공양시간이 즐겁다. 비록 산과 들에서 뜯어온 푸성귀들이지만, 이보다 더한 향기로운 공양이 또 있을까. 공양 마치고 '환희의 언덕'을 올라서면 콧노래가 흘러나오고 어깨춤이 절로 난다.

오늘은 불교대학 강의가 있는 날, 서둘러서 서울로 간다. 6킬로미터의 길을 힘차게 걸어서 간다. 땀을 뻘뻘 흘리며─. 벌써 19년째 계속되는 출강, 신명나게 강의를 하고 학생들과 토론을 벌인다. 안산 집으로 돌아오면 손자들이 기다리고 있다. 문수·희수, 할아버지 방에서 같이 자려고 오늘도 어김없이 신경전이 벌어진다. 아비가 '오늘은 문수 차례'라고 판정을 하지만 희수는 떼를 쓴다. 한번도 성공하지 못하면서.

불을 끄고 침대에 누워 문수한테 옛날 얘기를 들려준다.

"옛날에 사슴동산에 황금사슴 왕이 많은 무리를 거느리고 살았는데, 어느 날 사나운 왕이 사냥을 나왔어요."

"할아버지, 사슴도 왕이 있어요? 동물원에도 사슴 왕이 있어요?"

"그럼, 사슴들도 다 왕이 있어요."

• • •

'한소식 하겠다는 고집 버려라.

영생·부활하겠다는 망상 버려라.

그대들은 이미 깨달아 있어.

그대들은 이미 불사(不死)야, 글쎄, 죽지 않아—'

「베살리 아쇼까 왕의 돌기둥과 돌사자—사자는 지금 세상을 향하여 포효한다.」

내 마음의 영원한 등불

Atta-dipa Dhamma-dipa

자등명(自燈明) 법등명(法燈明)

그대 자신을 등불 삼고 붓다의 담마를 등불 삼고―

그래, 이렇게 하루하루 살아가는 것이 자등명 법등명이야. 나 자신을 등불 삼는 것, 담마를 등불 삼는 거야. 일상의 현장에서, 허약한 이 몸으로, 끊임없이 흔들리는 이 몸 이 맘으로, 그래도 멈추지 않고 붓다―담마 생각하고, 순간순간, '이 몸은 무상하고 텅― 빈 것이다', 이렇게 관하고, 그러면서 내가 져야 할 세상의 짐, 가정의 짐을 지고 나가고, 이것이 곧 자등명 법등명, 스스로를 등불 삼는 것인 거야.

죽는 순간까지, 낡은 수레같이 비틀거리면서 나아가는 것, 이것이 바로 자등명 법등명 아닐까? '하나 둘', 그러면서 때때로 이렇게 마음을 집중하며 통찰하는 것, 이것이 바로 Atta-dipa, Dhamma-dipa 아닐까? 일상의 삶 속에서 조그맣게 조그맣게 내가 져야 할 짐 짊어지고, 내 귀한 것 함께 나누고, 끊임없이 호흡을 헤아리며 '나'와 '나의 것'이 텅 빈 것임을 통찰하고― 육신의 숨이 살아 있는 마지막 순간까지 이렇게 비틀거리며 낡은 수레같이 덜커덩 덜커덩 굴러가는 것, 이것이 바로 자등명 법등명 아닐까? 구원의 등불, 불사(不死)의 등불 아닐까?

깨달음, 생사해탈, 영생불멸

영생, 천국, 부활

대체 이것이 무엇일까?

십 년 이십 년 장좌불와(長坐不臥), 잠자지 않고 참선해서 한소식 해야 이룰 수 있는 것일까? 공부해서 경전을 꿰뚫어야 도달할 수 있는 것일까? 천배, 삼천배 잘해야 성취될 수 있는 것일까? 밤을 새며 울며불며 기도해야 응답되는 것일까? 이렇게 할 수 없는 우리네 중생들은 어찌하란 것인가? 하루하루 살아가기 바쁜 우리네 보통 사람들은 어찌 하란 것인가? 영원히 윤회 속에 쳇바퀴 돌 듯 하란 말일까? 사망의 골짜기에서 울며 방황하란 말인가?

오늘 하루 땀 흘리며 일하고
벌어서 저축하고 검소하게 살고
작은 것 하나라도 이웃들과 함께 나누고
늙은이의 무거운 짐 하나라도 들어주고
틈틈이 하나 둘 호흡을 헤아리고—.

이렇게 열심히 살아가면 안 될까? 흔들리는 몸 가누면서, 이렇게 착하게 살아가면 안 될까? '천국 가겠다, 천국 가서 영생을 누리겠다, 부활하겠다', 이런 욕심 내지 않고, 오늘 하루 기쁜 마음으로 열심히 살아가면 안 될까? '생사해탈하겠다, 확철대오하겠다, 확철대오해서 영원한 자유인 되겠다', 이런 욕심 내지 않고, 오늘 하루 빈 마음으로 부처님같이 열심히 살아가려고 애쓰면 안 될까? 이것으로 해탈할 수는 없는 것일까? 이것으로 영생할 수는 없는 것일까? 아니, 이것 그대로 해탈 아닐까? 이것 그대로 영생 아닐까? 이것이 바로 불사(不死) 아닐까? 우리는 모두 본래로 이렇게 불사(不死) 아닐까? 깨달음은 이렇게 작은 것 아닐까? 아라한은 이렇게 큰 욕심 비운 작은 사람들 아닐까? 성불은 이렇게 작은 깨달음으로 감사하고 만족해하며 살아가는 우리네 소시민들의 행복 아닐까? 이것이 진정 위없는 행복 아닐까? 더 없이 큰 행복 아닐까? 이것 말고 또 무엇이 있을까? 있어야 될까?

> 아난다야, 나는 이제 여든 살, 늙고 쇠하였구나.
> 마치 낡은 수레가 가죽끈에 묶여 간신히 끌려가듯,
> 나 또한 가죽끈에 묶여 간신히 끌려가고 있느니라.
> 아난다야, 그대 자신을 등불 삼고 붓다의 담마를 등불 삼아라.
>
> ─벨루바의 대법문

이것은 내 삶을 비춰온 등불이다. 영원한 마음의 등불, 구원의 등불이라 해도 좋으리. 흔들리고 병들고 우울하고 회의가 엄습할 때, 나는 이 '벨루바의 대법문'을 기억한다. 소리내어 외운다. 늙고 병들어 뼛골 앙상한 팔순 노(老)붓다의 몰골을 생각한다. 그 얼굴 위에 내 얼굴을 살며시 포개본다. 눈물이 난다. 그리고 다시 일어선다. 불끈 주먹을 쥐고 힘을 낸다.

"그래, 나도 부처님같이 살아야지. 나도 부처님같이, 허약한 이 몸으로 목숨이 무너질 때까지 굴러가야지. 작은 짐 하나라도 지고 덜커덩 덜커덩 굴러가야지. 남에게 짐 되지 말아야지.

부처님도 저렇게 늙고 병들고 힘들어하시는데, 내가 뭐라고 병 없고 고통 없기를 바랄 건가."

베살리

붓다가 그토록 사랑하셨던 베살리

북쪽을 향하고 앉은 사자상(獅子像)

그 앞 빈터에 꿇어앉으니 자꾸 눈물이 흘러내린다.

늙고 병든 붓다

그러면서도 낡은 수레같이 끝없이 길을 가는 붓다

그를 생각하면, 그때의 베살리 민중들 아니더라도, 어찌 울지 않을 수 있을까.

대열반, 낡은 수레처럼 비틀거리며

작고 궁핍한 흙벽 집 마을을 찾아서

꾸시나가라 사라쌍수 언덕.

그러나 실제로는 언덕이라기보다는 그냥 평지나 다름없다. 오랜 세월의 풍상으로 언덕이 변하여 평지가 된 것일까? 열반당 앞에 푸른 사라나무들은 그날 붓다의 죽음을 지켜본 그 나무들일까? 많은 순례자들이 열반상 발에 이마를 대고 무엇인가 열심히 빌고들 있다. 무슨 사연들이 그리 많은지….

꾸시나가라(Kusinagara)는 우따르-쁘라데쉬 주(州)의 고라크뿌르 동쪽 55킬로미터 지점에 있는 까시야로 밝혀지고 있다. 이곳은 12세기 전후 이슬람의 침략으로 파괴되고 방치되어 기나긴 세월 폐허로 망각되어 왔다. 1838년 영국 동인도회사 직원 부케난이 이곳을 방문한 이래 세상에 알려지고 발굴되기 시작하였다. 현재의 열반당 뒤쪽 아쇼까 스뚜빠 내부에서

• • •

붓다여, 어디로 가십니까?
비틀비틀 걸음마다 피땀 쏟으며 낡은 수레같이
누구를 찾아서 이 언덕 오르고 계십니까?

「꾸시나가라의 열반당과 사라나무들—기원전 544년 2월 15일, 붓다가 여기서 돌아가셨다.」

이곳이 '열반당(parinibbana-caitya)'이라는 동판 명문이 발견됨으로써 이곳이 붓다의 입멸지로 확정되고 있다.

열반당 앞에는 붓다의 죽음을 지켜본 사라나무들이 대를 이어 푸르게 자라고 있고, 내부에는 붓다가 사라쌍수 사이에 누워 죽음을 맞이하는 와불 열반상이 봉안되어 있다. 이 열반상은 5세기경 마하비하라의 하리발라라는 비구가 기부금을 내고 딘(Din)이라는 장인(匠人)이 조성한 것으로, 길이는 6.1미터, 모래와 진흙을 짓이겨 빚은 것이다. 발굴 당시 파손되어 있던 것을 칼레일(Carleyle)에 의하여 복원되었다. 와불을 모신 기단에는 세 사람이 붓다의 입멸을 슬퍼하고 있는데, 왼쪽이 꼬살라국의 왕비 말리까 부인, 중앙이 이 열반상을 기증한 하리발라 비구, 오른쪽이 붓다의 시봉 아난다 비구이다.

열반당 뒤쪽에는 아쇼까 왕이 세운 열반 스뚜빠(Nibbana-stupa)가 있고, 동쪽 1.5킬로미터 지점 붓다의 유해를 다비한 자리에 라마바르 총(Ramabhartila, 塚)이라는 거대한 무덤이 있다. 이 무덤 근처에 붓다가 최후로 목욕한 히란야바티 강과 까꿋타 강으로 추정되는 시냇물이 흐르고 있다.

『초기열반경』에 의하면, 붓다가 마지막 유행을 떠난 것은 전법 45년, 기원전 545년, 여든 살 되던 때이다. 이때 붓다는 늙고 병들고 쌓인 피로로 지쳐 있었다. 심한 허리디스크, 체액이상(體液異常) 등으로 고통을 받고 있었고, 설법 도중 피로로 인하여 아난다 비구나 목갈라나 비구 등에게 잠시 설법을 마치고 한쪽에 몸을 웅크리고 누워 쉬곤 하였다.

이런 상황 속에서, 붓다는 라자가하의 독수리봉을 떠나 북녘으로 유행의 길을 떠났다. 붓다와 대중들은 암바랏띠까 동산·날란다·빠딸리가마·나디까를 거쳐 베살리에 이르고, 베살리 근교 벨루바 마을에서 마지막 안거를 보낸다. 이때 중병에 걸리고 '자등명 법등명의 담마'를 설한다. 붓다는 베살리를 떠나 반다가마·암바가마·잠부가마·보가나가라를 거쳐 말라족의 빠바 마을에 도착하였다. 이 마을에 있는 대장장이 춘다의 망고동산에 머무르고, 다음 날 아침공양에 초대되어 마지막 공양을 받게 되었다.

붓다의 마지막 낮과 밤

전법 46년, 기원전 544년 2월 15일.

붓다는, 때가 되었음을 알고, 가사 입고 발우 들고 대중들과 함께 춘다의 집으로 갔다. 춘다는 정성껏 공양을 준비해 올렸다. 이때 붓다는 수까라-맛다바를 들고 식중독에 걸렸다. 붓다는 붉은 피를 쏟으며 중태에 빠졌다. 붓다는 정신을 보전하며 말하였다.

"아난다야, 이제 꾸시나가라로 가자."

붓다는 맨발로 걸었다. 땀과 피가 발자국을 적셨다. 붓다는 비틀거리며 한 발 한 발 나아갔다. 길 옆 한 나무에 이르자 말하였다.

"아난다야, 물을 좀 길어다 주지 않겠느냐. 목이 몹시 타는구나."

지나가던 말라족 상인 뿌꾸사가 다가와 인사를 올렸다. 붓다는 그를 위하여 담마를 설하였다. 뿌꾸사는 기뻐하며 붓다에 귀의하고 금색 옷 2벌을 공양 올렸다. 아난다 비구가 이 옷을 붓다에게 입히자 붓다의 몸에서 발하는 밝고 깨끗한 빛으로 금색 옷이 빛을 잃었다. 붓다는 다시 길을 재촉하였다. 탈진과 설사, 갈증으로 인하여 붓다는 쉬고 걷고 쉬고 걷고…. 이렇게 스물다섯 번을 반복하였다. 가까스로 까꿋타 강에 이르러 물에 들어가 몸을 씻었고 물을 마셨다. 붓다는 근처 망고나무 숲으로 들어가 상의를 네 겹으로 깔고 그 위에 누웠다. 붓다는 죄책감으로 괴로워하고 있는 대장장이 춘다를 생각하여 아난다 비구를 불러 그에게 보내 말하였다.

"춘다여, 이것은 그대의 공덕이니라. 그대가 올린 공양을 받고 여래가 적멸(寂滅)에 드는 것은 그대의 선행이니라. 왜냐하면, 수자따가 올린 최초의 공양과 그대가 올린 최후의 공양은 똑같이 다른 어떤 공양보다 좋은 과보를 낳고 이익을 줄 것이기 때문이니라.

춘다야, 그 공양의 공덕으로 그대는 장수할 것이며 얼굴이 좋아질 것이며 행복해지고 명성을 얻을 것이며 하늘나라에 가서 나고 왕이 될 것이니라."

붓다는 다시 나아가 말라족의 두 번째 수도 꾸시나가라 남쪽 변두리, 히란야바티 강 맞은 편, 두 그루 사라나무(沙羅雙樹) 언덕에 도착하여 침상을 마련하고 누웠다. 머리는 북쪽 까삘라 쪽으로 두고 오른쪽 옆구리를 땅에 대고 두 다리를 포개고 사자처럼 누워서 바르게 생각하고 바르게 의식을 보전하였다. 그때, 계절도 아닌데 한 쌍의 사라나무가 온통 꽃을 피웠다. 그 꽃잎들이 붓다의 몸 위로 한 닢 두 닢 휘날리면서 떨어져 공양 올리는 것 같았다. 그때 모든 신들이 붓다를 친견하기 위하여 몰려와 사라 숲을 가득 메워 발

디딜 틈도 없을 정도였다. 붓다가 말하였다.

"아난다야, 너는 지금 곧 꾸시나가라 성으로 가서 말라족 사람들에게 이렇게 말하라. '여러분, 바셋타여(말라족이여), 오늘 밤이 깊어 여래께서 이 성(城) 근처에서 열반에 드신다오.'"

마침 마을 공회당에 모여 있던 말라족 사람들은 아난다 비구의 전갈을 받고, 남편 · 부인 · 아들딸들이 함께 가슴 메이는 깊은 슬픔에 젖었다. 슬픔으로 인하여 그들은 머리를 풀고 통곡하고 팔을 뻗어 슬피 울며 땅에 뒹굴면서 탄식하였다.

"아, 세존께서는 무슨 까닭으로 이리도 빨리 열반에 드시는고. 세상의 눈[世間眼]은 무슨 까닭으로 이리도 빨리 모습을 감추시는고."

이렇게 가슴 아파하며 말라족 사람들은 사라나무 숲으로 몰려왔다. 이렇게 모인 사람들이 너무 많았기 때문에, 아난다 비구는 혼잡을 피하기 위하여 한 가족씩 붓다 앞에 늘어 세우고 고하였다.

"세존이시여, 이번에는 이런 말라족 사람이 부인 · 아들딸 · 일족 · 하인들과 함께 모두 세존의 발에 머리를 대고 경례하며 인사 올립니다."

이렇게 밤늦게까지 말라족 사람들의 인사가 계속되었다. 이 일이 끝나자 붓다는 깊은 선정에 드셨다. 임종이 가까웠다. 이때 마을에 있던 늙은 편력행자 수밧다가 소식을 듣고 달려와 뵙기를 청하였다.

"세존께서는 지금 너무 지쳐 계시오. 부디 여래를 괴롭히지 마시오" 하고 아난다 비구가 만류하였으나 수밧다는 막무가내로 듣지 않았다. 붓다가 선정에서 나와 말하였다.

"아난다야, 그만두어라. 수밧다를 막지 말라. 그는 나를 괴롭히러 온 것이 아

• • •
왜 붓다는 이 궁핍한 숲속 마을로 오시는가?
왜 붓다는 흙벽돌 집의 가난한 사람들을 찾아오시는가?
왜 붓다는 죽어서 뼛조각까지 그들에게 바치는가?
바로 이것이 대열반일까?

「꾸시나가라의 라마바르 총(Ramabhar 塚) - 거대한 무덤, 붓다의 유해를 다비한 곳이다.」

니라 깨달음을 위해서 온 것이다.

수밧다여, 법과 율을 설한다 할지라도, 그 가운데 8정도의 실천이 없으면, 수행자들은 그런 가르침을 추구해서는 안 된다.

수밧다여, 내용이 없는 공허한 논의는 수행자와는 무관한 것이다.

수밧다여, 수행자다운 수행자는 여덟 가지 성스러운 덕목을 실천해야 하고, 이리하여 바른 삶을 산다면, 그들에게는 공허하지 않은 진실한 세계가 나타나고, 그들 또한 세상에서 존경받을 만한 이(應供, 아라한)가 될 수 있는 것이다."

이윽고 마지막 순간이 왔다. 붓다는 최후로 말하였다.

"그대 수행자들이여, 이제 그대들에게 이르노라.
조건지어진 모든 것은 다 소멸해 가는 법
부디 게으르지 말고, 힘써 정진하라."

붓다는 깊고 고요한 선정으로 들었다. 슬픔을 짓누르며 지켜보던 모든 이들─신들, 마라(악마)들, 제자들, 말라족 백성들⋯ 노루 사슴들, 사라나무들⋯ 일제히 울음을 터트리며 통곡하였다. 그들이 흘리는 뜨거운 눈물로 사라나무는 푸르름을 잃고 하얀 숲(鶴林, 鶴樹)으로 변해갔다. (DN. 2. 122-158)

이 삶의 현장에서 찾으시오

얼마 전 한 50대 초반의 거사가 찾아왔다. 수행을 많이 한 분인 듯하였다. 자연스레 법담이 벌어졌다. 한참 대화를 나누다가 거사가 말하였다.

"열반은 무화(無化)입니다. 다시 태어나지 않는 것입니다. 나도 다시 태어나고 싶지 않습니다. 이 생으로 끝낼 것입니다."

나는 물었다.

"왜 열반을 무화라고 생각합니까? 다시 태어나지 않는 것이 열반이라면, 머지않아 이 인류가 소멸되겠군요."

"그렇게는 안 됩니다. 모두 출가하면 어떻게 될까 하지만, 그렇게 되지는 않지 않습니까?"

"열반은 인류가 추구하는 궁극적 이상인데, 모두 태어나기를 원치 않는다면 어찌 인류가 존속할 수 있겠습니까? 또 존속할 필요가 있겠습니까?"

"…"

"거사님, 열반에 관해서 다시 진지하게 고민해 보십시오."

'열반이란 무엇일까? 해탈 열반이란 무엇일까?'

불교에 가까이 가 본 사람이라면, 누구든지 끊임없이 이런 질문에 부딪치게 될 것이다. 그리고 수많은 해설들, 사설들의 미로에 부딪치게 될 것이다. 그럼에도 불구하고 분명한 대답을 듣지 못하고 답답한 마음으로 시행착오를 반복하며 찾아 헤매거나 '공부 더 해라'는 무책임한 타박 앞에 허탈해하는 자신의 초라함에 부딪치게 될 것이다.

이제 나는 그들에게 이렇게 말하고 싶다.

"친구들, 이제 멈추시오. 그 끝없는 방황을 멈추시오. 깨달음에 관한 그대들의 그 끊임없는 이론들, 생각들, 모색들을 모두 불어서 끄시오.

친구들, 머리 들어 저 붓다를 바라보시오. 피땀을 쏟으며 비틀거리며 쉬고 걷고 쉬고 걷고— 꾸시나가라 사라쌍수 언덕을 오르는 저 붓다를 보시오. 말라족 백성들을 불러 밤새도록 마지막 인사를 나누고 있는 저 붓다를 보시오. 숨이 까닥까닥 넘어가는 순간에도 편력행자 수밧다를 향하여, '8정도를 실천하라. 공허한 논의에 빠지지 마라' 이렇게 고구정녕 설하시는 저 팔순의 노(老)붓다를 보시오.

친구들, 저것이 대답 아니겠소? 저것이 그대들이 찾아 헤매던 바로 그 깨달음, 그 해탈열반, 그 한소식 아니겠소? 저것 말고 또 무엇이 더 있겠소? 저 노(老)붓다의 마지막 죽음의 길 버리고서, 경전에서 찾고 수행해서 찾고… 아무리 찾아보아도, 공허한 착각일 뿐, 무엇이 더 있겠소?

친구들, 이제 그대들의 그 생각들, 그 끝없는 방황들, 그만 불어서 끄시오. 그리고 어서 삶의 현장으로 돌아오시오. 이 절절한 삶의 현장에서 드러내시오. 열반도 깨달음도 한소식도, 이 피땀 흘리는 삶의 현장에서 드러내시오. 그대들은 이미 모두 깨달아 있지 않소? 이미 해탈해 있지 않소? 무엇을 더 의심하고 있는 거요?"

'열반은 다시 태어나지 않는 것이다.

완전한 열반은 육신이 소멸돼야 실현된다.'

이런 착각과 혼란은 모두 삶의 현장을 상실한 데서 오는 희론들 아닐까? 삶의 현장을 망각하고 경전을 보고 삶의 고뇌를 외면하고 수행하기

• • •

그 발 곁에서, 그 발에 손을 대고 앉아
나는 비틀거리며 다가오는 이 땅의 수많은 붓다들을 보고 있다.
공사장에서, 논밭에서, 장터에서, 어장에서, 병영에서, 사무실에서―
저마다 작고 큰 세상의 짐을 지고 피땀 흘리고 있는 이땅의 무수한 붓다들을 보고 있다.

「붓다의 두 발―꾸시나가라 열반당 안의 열반상에서.」

때문에 벌어지는 건조한 생각의 유희, 식(識)놀음들 아닐까? 붓다가 마지막 가르침에서 '8정도의 삶이 없는 공허한 논의'라고 규정한 것도 바로 이런 식놀음들을 두고 한 경책이 아닐까?

깨달음 이전에도 깨달음 이후에도 오로지 존재하는 것은 삶의 문제, 삶의 현장인데….

열반은 세상 짐 지는 것, 참고 견디는 것

마지막 날 밤, 붓다가 아난다 비구에게 "말라족 사람들을 불러오라"고 했을 때, 아난다 비구와 붓다는 이렇게 문답하고 있다.

"스승이시여, 부디 이렇게 작고 궁핍한 흙벽집 마을, 숲속의 외진 마을에서 열반에 들지 마옵소서. 이런 작은 마을 아니라도, 참빠나 라자가하, 사밧티, 꼬삼비, 바라나시 같은 큰 도시들이 있지 않습니까?"

"아난다야, 이 꾸시나가라를 작고 궁핍한 흙벽집 마을, 숲속의 외진 마을이라고 말하지 말라."

작고 궁핍한 흙벽집 마을

숲속의 외진 마을.

(a miserable little town of wattle and daub

right in the jungle in the back of beyond)

그래, 바로 이거야. 작고 궁핍한 흙벽집 마을, 숲속의 외진 마을, 그 작고 외로운 사람들을 찾아가는 것이 열반인 거야. 숨이 끊어지는 마지막 순간까지, 육신의 고통·마음의 고통 참고 견디며, 이 세상 짐을 지고 낡은 수레같이 굴러가는 것이 대열반인 거야. 이런 생각하는 것이 깨달음인 거야. 이렇게 끝없이 한없이 나(自我) 던질 생각, 나의 것 던질 생각하는 것. 이것이 바로 대열반이고, 이 대열반이 바로 불사(不死)인 거야. 이렇게 생각하고 이렇게 살아가는 사람들은 이미 죽지 않는 사람들인 거야.

생각해 보면, 많은 사람들이 이렇게 살았고 또 이렇게 살고 있지 않은가. 우리 어머니도 이렇게 살았고, 이 땅의 수많은 어머니들도 이렇게 살고 있지 않은가. 코흘리개들 모아놓고 청춘을 불사르던 국민학교 1학년 때 우리 담임 김상기 선생님도 이렇게 살았고, 이 땅의 수많은 선생님들도 이렇게 살고 있지 않은가. 망백(望百)의 고령에도 불구하고 고단한 사람들을 위하여 쪼그리고 앉아 붓을 휘두르던 석주스님, 무서운 파킨스씨병에 걸려서도 끝내 미소를 잃지 않던 광덕스님, 집도 절도 없이 평생을 떠돌이로 살며 담마를 전하는 무진장 스님… 이분들이 이렇게 살았고 또 살고 있지 않은가. 그래, 열반은 이렇게 쉬운 것인데, 조금만 참고 견디면 누구든다 할 수 있는 것인데, 무슨 과장, 흰소리가 그리 심한지….

낡은 수레같이 무너져 내리면서도

작고 외로운 사람들의 짐을 지고 한 발 한 발 나가는 노(老)붓다

열반당 어둠 속 오른쪽 옆구리를 바닥에 대고 북녘 까삘라로 향하여 고향을 그리며 누워 있는 부처님―

그 발 곁에서, 그 발에 손을 대고 앉아, 나는 비틀거리며 다가오는 노

(老)붓다를 보고 있다. 이 땅의 수많은 붓다들을 보고 있다. 공사장에서, 논밭에서, 장터에서, 어장에서, 병영에서, 사무실에서, 토굴에서… 저마다 작고 큰 세상의 짐을 지고 피땀 흘리고 있는 열반행의 무수한 붓다들을 보고 있다. 손끝을 통하여 전율처럼 전파되는 가슴 설레는 불사(不死)의 숨결을 체감하고 있다.

이 삶을 두고 어디서 법신을 찾을까

___ 라마그라마에서 진신(眞身)을 보다

나가(Naga, 龍神)가 지켜낸 원형 불사리

룸비니의 대성 석가사를 떠나 히말라야로 가는 길목, 라마그라마에 들렀다. 붓다 성지의 마지막 코스, 왠지 쓸쓸한 느낌이 든다. 인도를 떠나기 싫어서일까? 붓다 곁을 떠나기 싫어서일까?

라마그라마(Ramagrama)는 현재의 네팔 나왈파시의 중앙에 위치한 파라시 북동쪽 3.2킬로미터 지점에 있다. 이 지방을 흐르는 자라이 강 둔덕에 해당된다. 라마그라마는 붓다 당시 꼴리족의 도시로 마야 부인의 고향이다. 라마그라마 스뚜빠―불사리탑(佛舍利塔)은 오랫동안 망각되었다가 1898년 호웨이에 의하여 우자이니―나가르의 황량한 벌판에서 발견되었다. 사리탑이라고 하지만 실제로는 흙무덤으로 남아 있다.

붓다가 열반하자, 붓다의 유해는 법답게 다비되고 수많은 불사리가 수습되었다. 마가다 · 베살리 · 까삘라밧투 · 라마가마 등 8개국과 종족의 대

진신사리 무엇일까? 원형 사리 무엇일까?
오색 찬란 빛 보일까? 타다 남은 뼛조각일까?
밤새 죽어노인 임종머리 앉아 도란도란 얘기 나누며
몰래 훔치는 눈물일까? 뚝뚝 떨어지는 피끔일까?

「라마그라마(현재 parasi)의 원형 스투파-나가(Naga, 龍神)의 힘으로 붓다의 진신사리가 원형 그대로 보
전되어 온 유일한 스투파이다.」

표들이 와서 이 불사에 동참하고, 불사리 배분문제로 한때 긴장이 조성되었으나, 꾸시나가라의 브라민 도나(Dona)의 중재로 평화적으로 8등분되었다. 늦게 도착한 모리아인들은 유해를 다비한 재(灰)를 가져가고 브라민 도나는 사리를 담았던 진흙단지를 모셔갔다. 그들은 저마다 자기 나라 큰 도시 네거리에 스뚜빠(塔)-불사리탑을 세우고 정신적 귀의의 구심점으로 삼았다.

기원전 3세기 인도 대륙을 통일한 아쇼까 왕이 8대 불사리탑을 허물고 그 속의 불사리를 분배하여 전 인도에 8만 4천 개의 불사리탑을 조성하는 역사적인 사업을 전개하였다. 이때 7개의 탑은 계획대로 추진되었으나, 이 라마그라마의 탑은 이곳을 수호하던 나가(Naga), 곧 용신(龍神)의 완강한 거부로 끝내 성공하지 못하고 물러갔다. 이러한 사연은 라마그라마-스뚜빠가 물이 많이 흐르는 강 둔덕에 위치했다는 지리적 조건과 관련 깊은 것으로 보인다. 그래서 라마그라마 스뚜빠는 훼손되지 않은 채 본래의 원형(原形)을 지금까지 보전해 올 수 있었던 것이다.

최근 이 사리탑에 대한 발굴이 진행되고 있어서 원형을 원하는 사람들의 마음을 아프게 하고 있다.

민중들이 붓다의 장례를 받들다

사라쌍수 언덕에서 입멸을 앞두고, 붓다는 자신의 장례에 관하여 이렇게 당부하였다.

"아난다야, 그대 출가자들은 여래의 유해를 모시겠다는 등의 생각은 하지 말라. 그대들은 단지 출가 본래의 목적을 향하여 바른 마음으로 노력하며, 게으름 부리지 말고 정진하거라.

아난다야, 여래에 대하여 각별하게 깊은 존경의 생각을 품고 있는 현자가 왕족이나 브라만, 자산가들 가운데 있을 것이다. 그러한 자들이 여래의 유해를 모실 것이니라."

이 당부대로, 입멸하신 붓다의 장례는 거의 전적으로 재가대중들에 의하여 주관되었다. 붓다가 숨을 거두자 아난다 비구는 아누룻다 장로의 분부를 받아 꾸시나가라 말라족 사람들에게로 가서 말하였다.

"바셋타여, 세존께서는 어젯밤 늦게 열반에 드셨소. 때를 헤아려 고별하시오."

이 통보를 받은 말라족 사람들은 아들·부인·딸과 함께 깊은 슬픔에 젖어 가슴 답답해했다. 어떤 이는 슬픔과 마음의 고통으로 머리를 산발하여 통곡하고 팔을 뻗어 울며 혹은 땅에 드러누워 뒹굴면서 외쳤다.

"아, 세존께서는 무슨 까닭에 이리도 급히 열반에 드시나이까? 원만한 분께서는 무슨 까닭으로 이리도 급히 열반에 드시나이까? 세상의 눈은 무슨 까닭에 이리도 급히 모습을 감추시나이까?"

겨우 정신을 수습한 말라족들은 하인들에게 말하였다.

"그대들은 꾸시나가라 안에 있는 향과 꽃, 그리고 악기들을 모두 모아오너라."

꾸시나가라 사람들은 향과 꽃, 악기들, 그리고 오백 필의 베[布]를 가지고 근교의 '여래가 태어난 곳'인 사라나무 숲으로 급히 갔다. 세존의 유해가 안치된 곳으로 가서 유해를 노래와 춤, 꽃다발과 향으로 경애 · 존경 · 숭배하고 공양 올렸다. 또 천으로 몇 겹의 천막을 만들어 둘러쳤다. 이와 같이 하면서 그날을 보냈다. 다음 날에도 그들은 노래와 춤, 꽃다발과 향으로 세존의 유해를 경애 · 존중 · 숭배하며 공양 올렸다. 이렇게 2일, 3일이 지나 마침내 엿새가 지났다.

7일째, 아누룻다 장로의 가르침을 받고, 신들의 뜻에 따라 말라족 백성들은 세존의 유해를 운구하기 시작하였다. 하늘에서 피는 만다라꽃이 쏟아져 내려 꾸시나가라 마을의 성벽, 도랑, 쓰레기장까지 가득 메웠다. 이렇게 하늘 신들과 인간들은 천상과 인간의 노래와 춤, 꽃다발과 향으로 세존의 유해를 경애 · 존경 · 숭배하고 공양 올리면서 마을 북쪽으로 운반하여 북문에서 마을로 들어가 마을 중앙까지 갔다. 그들은 다시 동문을 거쳐 마을 밖으로 나와 마쿠타-반다나라는 영지(靈地)로 운구하여 그곳에 안치하였다.

그들은 세존의 유해를 여러 겹의 새 옷으로 감싸고 또 무명베로 감쌌다. 그리고 철로 만든 관에 봉안하고, 여러 종류의 향목을 쌓아 올려서 만든 나무더미 위에 안치하였다.

말라족 지도자들이 나무더미에 불을 지피려다 실패하고, 아누룻다 장로의 가르침을 따라 마하까샤빠 장로를 기다렸다. 마하까샤빠 장로는 여러 곳을 유행하다가 세존의 부음을 듣고 달려왔다. 그는 세존의 유해를 안치한 나무더미로 와서 옷을 왼쪽 어깨에 걸치고 합장하고 나무더미를 세 번 돌고 세존의 발에 머리를 대고 예배하였다. 이때 나무더미가 저절로 점화되어 타올랐다. 다비가 이뤄졌다. 겉살 · 속살 · 근육 · 힘줄 · 관절즙이 재도 남기지 않은 채 모두 불타버리고 단지 유골만 남았다.

꾸시나가라의 말라족 백성들은 세존의 유골을 집회장으로 옮겨 그 주변을 창(槍)으로 임시 울타리를 만들어 둘러싸고 또 성채 안에 활을 꽂았다. 말라족 사람들은 이레 동안 세존의 유골-사리를 노래와 춤, 꽃과 향으로 경애 · 존경 · 숭배하고 공양 올렸다.(DN. 2. 143-161)

도도한 불탑(佛塔)신앙의 물결과 보살의 탄생

붓다의 죽음 앞에 절절히 눈물 쏟아내는 말라족들

노래와 춤, 꽃과 향으로 공경 · 존경 · 숭배 · 공양하는 말라족 사람들

붓다의 유해를 메고 마을을 돌며 나무더미를 모아 다비하고 붓다의 사리를 수호하는 말라족 백성들—

붓다와 불사리(佛舍利)에 대한 민중들의 이 놀라운 열정은 실로 세월이 흐를수록 더욱 열렬한 것이 되어갔다. 그들은 불탑 앞에 등불을 밝히고 긴 장대[幢]를 높이 세우며 휘장[幡]을 두르고, 꽃과 향, 금 · 은 · 동 · 보석을 올려 붓다를 경배 · 존중 · 숭배 · 공양하였다. 불탑 주변에는 꽃과 나무들을 심어 숲[園林]을 조성하고 우물과 연못을 만들었다. 시간이 경과하면서 숙소 등 건물이 지어졌다.

수많은 불교도와 시민들이 모여들어 참배하고 소원을 빌었다. 재일(齋日)에는 팔관재와 포살이 행해지고, 특별한 축일에는 노래와 춤이 봉헌되었다. 재가 법사들이 등장하여 이들 민중들을 인도하고 붓다 담마를 해설하고 전파하였다. 이와 더불어 붓다와 제자들의 뼈 · 손톱 · 머리카락 · 재[灰] · 옷 · 발우 · 지팡이 등 성물(聖物)이 사리탑으로 봉안되고, 붓다의 유

촉에 따라 영지(靈地) 순례―성지(聖地) 순례가 신성한 종교적 신행으로 널리 확산되어 갔다.

　불사리 · 불탑 앞에 등불 밝히고

　장대 세우고 휘장 두르고

　꽃과 향 · 금 · 은 · 동 · 보석 공양 올리고

　노래와 춤으로 찬탄하고

　오체투지로 경배 · 존중 · 숭배 바치고

　'부처님, 부처님, 석가모니 부처님―'

　이렇게 소리 높여 부르고

　갖가지 염원을 사뢰고

　법회를 열어 담마를 경청하고

　4대 영지 · 8대 영지를 순례하고―

이것은 불교사에 붓다 중심의 불교, 붓다 신앙의 불교가 새로운 물결로 힘차게 일어나고 있다는 역사적 상황을 보여주는 것으로 보인다. 그리고 민중 중심―재가대중 중심의 이 붓다 신앙은 출가대중 중심의 전통적 불교, 곧 '담마의 길'과는 분명하게 구분되는 새로운 길, '붓다의 길'로 자리

• • •

　부처님, 우리도 부처님같이 살고 싶어요.

　죽어서 뼛조각(사리)까지 사람들 위해 바치는

　보살이 되고 싶어요. 보살 인간이 되고 싶어요.

　「아잔따 석굴의 보살님―사람들의 고통을 아파하며 슬퍼하고 있다.」

매김하게 된다.

여기서 보다 중요하게 생각되는 것은, 이 붓다 중심의 불교, 붓다의 길, 곧 불탑신앙이 대승불교운동의 한 원류를 형성하면서, 그것이 마침내 '보살'이라는 대중적 · 대승적 인간상을 창출해 낸다는 사실이다. 붓다에 대한 절절한 존경과 그리움이 '우리도 부처님같이 살고 싶다'는 절절한 동일시(同一視)의 서원을 낳고, 이 서원이 '우리는 모두 붓다의 자식〔佛子〕'이라는 보편적 형제애와 우주적 사랑을 낳고, 이 우주적 사랑이 보살이라는 새로운 인간상을 낳은 것이다.

보살의 탄생

보살적 인간상의 탄생

많은 사람들의 깨달음을 위하여 죽음의 수렁 속으로 기꺼이 뛰어들어 헌신하는 대승보살, 보살적 인간상의 탄생―

이것은 실로 인류 정신사의 일대 개벽 아니겠는가?

죽음 앞에서 두려워 떨며 방황하거나 구원을 애원하는 무력하고 슬픈 세상 사람들 앞에 두려움 없이 기꺼이 죽을 수 있는 출구가 열려오고…. 그래서 이 보살의 탄생은 실로 축복의 완성이며 구원의 완성 아니겠는가? 역겁(歷劫)으로 죽고 나고 죽고 나고 윤회의 길로 가며, 작고 외로운 사람들 구제하기를 서원하는 보살, 보살 인간들…. 그들에게 늙음과 병, 죽음이 더 이상 무슨 고통이며 공포이겠는가?

보살의 탄생

보살적 인간상의 탄생―

나와 당신, 갑남을녀들, 평범한 일상의 민중들― 이것은 그들의 끝없는 상상력이 창출해 낸 위대한 성공 아닐까? 여기서 만인견성―인류견성의 오랜 꿈이 마침내 실현되고 있는 것 아닐까?

삶을 떠나 법신불 어디 있을까

어느 4월의 봄날, 두 보살이 도피안사 산방으로 찾아왔다. 서울 어느 큰절에 다니는 40대의 주부님들, 불교방송 강의를 듣고 상담하러 온 것이다. 산방 앞 꽃밭 가에 둘러앉았다. 한 보살이 물었다.

"법사님, 저는 남편 때문에 오랜 세월 속앓이를 해 왔습니다. 꾹 참고 기다려왔는데도 남편은 변하지 않습니다. 어찌해야 합니까?"

"보살님, 가장 먼저 기도하십시오. 불교수행법이 많이 있지만, 고통 갈등 해결하는 데는 기도가 제일입니다."

"기도는 어떻게 해야 합니까? 절에 가서 기도하고 있지만, 어떻게 하는 건지 실은 잘 모릅니다. 그냥 '관세음보살' '지장보살'― 이렇게 외우면 되는 겁니까?"

"그렇습니다. 기도는 그렇게 시작하는 겁니다. 무작정, 아무 생각 말고, 불보살님의 이름을 부르는 것이 첫째입니다. '내가 기도하면 감응이 될까? 안 될까?' 이렇게 의심하지 마십시오. 기도는 열심히 하는 그 자체로서 족한 것이지, 되고 안 되고를 따지고 생각하면 벌써 틀린 것입니다.

'되도 좋고 안 되도 좋다', 이렇게 생각하십시오."

"그럼 기도해서 안 되도 어쩔 수 없다는 말씀입니까?"

"그런 말이 아닙니다. 기도는 마땅히 성취하기 위해서 하는 것이지요. 기도는 상황을 바꾸는 것입니다. 거창하게 말하면 운명을 바꾸는 것입니다. 남편의 외도, 남편과의 갈등, 이러한 상황의 변화를 위해서 보살님은 지금 기도하고 있습니다. 그런데 보살님, 그 상황은 궁극적으로 누가 만든 것일까요? 부처님이 만든 것입니까? 하느님이 만든 것입니까?"

"아닙니다."

"그럼 누가 만든 것일까요?"

"제 자신이 만들었다는 말씀이신가요?"

"옳습니다. 보살님은 이미 다 깨닫고 계십니다. 그 상황은 보살님과 남편 두 분이 만든 것이고 일차적으로 보살님 자신이 만든 것입니다."

"그럼 기도는 저 자신을 바꾸기 위해서 하는 것이라는 말씀이시군요."

"그렇습니다. 보살님은 이미 다 깨닫고 계십니다. 그래서 보살이라고 부르는 것이지요."

"법사님, 그러시다면, 기도할 때 어떻게 생각하고 해야 하는 겁니까?"

"먼저 나 자신을 바꾸겠다는 일념으로 기도해야 할 것입니다. 남편이 바뀌기를 바라지 말고, '내가 먼저 바뀌겠다', 이런 간절한 생각으로 기도해야 할 것입니다."

"그럼 제가 어떻게 바뀌어야 하는 것입니까?"

"모르시겠습니까? 내가 어떻게 바뀌어야 할지 정말 모르시겠습니까?"

"남편을 이해하고 용서해야 하겠군요. 그런데 제 자존심이 쉽게 용납하지 않습니다."

"옳습니다. 당연한 생각입니다. 그러나 그것을 무릅쓰고 나가는 것이 보살입니다. '나는 없다' '나란 것은 단지 관념일 뿐이다, 식(識)일 뿐이다', 이렇게 생각하고 나가는 것이 보살입니다. 보살님, 우리가 기도할 때, 왜 불보살님의 명호를 부릅니까? '관세음보살', '지장보살' 왜 이렇게 부르는 것입니까?"

"우리가 관세음보살 지장보살이 되자, 이런 뜻이 아니겠습니까?"

"옳습니다. 보살님은 절에서 스님한테 아주 잘 배우셨군요. 관세음보살, 지장보살, 아미타불이 따로 있는 것이 아닙니다. 내가, 우리 자신이 보살이 될 때, 보살의 삶을 살 때, 비로소 불보살이 우리 곁에 오는 것입니다. 그래야 우리 인생이 바뀌는 것입니다."

그래, 바로 이것인 게야. 이것이 법신불의 참된 도리인 게야.

'붓다의 진신(眞身), 곧 부처님의 참된 몸은 육신이 아니다. 부처님의 육신은 2천 6백년 전 꾸시나가라에서 돌아가셨다. 부처님의 몸은 진리[法]이다, 법신이다. 법신이기 때문에, 부처님은 불멸(常住不滅)이시다. 영원히 열반에 들어 계신다. 다만 중생을 제도하기 위하여 짐짓 갖가지 불보살의 모습을 나투신다. 석가모니도 그런 모습—화신(化身) 가운데 하나이다.'

지금까지 많은 사람들이 이렇게 생각해 오고 있는 것 아닐까? 과연 이런 견해가 법신의 바른 이해[正見]일까? 그렇다면 부처님이 신과 다를 것이 무엇이란 말인가? 무소부재(無所不在)의 전지전능한 신이나 상주불멸의 법신불이나 무엇이 다르다는 것일까? 불교가 유신교와 다를 것이 무엇이란 말일까?

피땀 흘리는 붓다

피땀 흘리며 작고 외로운 사람들 찾아가고 죽어서 뼛가루(사리)까지 던지는 인간 붓다.

저 붓다를 두고 어디서 법신을 찾을 것인가? 저 절절한 붓다의 삶을 두고 어디서 상주불멸하는 법신불을 찾을 수 있을 것인가? 어디서 관세음을 찾고 지장을 찾고 아미타불을 찾을 수 있을 것인가?

그래, 인간 붓다야말로 진신(眞身)인 거야. 인간 붓다 고따마의 절절한 삶이야말로 법신의 당체인 거야. 내가 붓다의 삶으로 돌아갈 때, 돌아가려고 기도할 때, 바로 거기 법신은 상응하는 것, 우리가 보살의 삶으로 돌아갈 때, 돌아가려고 기도할 때, 바로 그 자리 불보살은 오시는 것, 바로 이것이 머무는 바 없이 나투시는 상주불멸의 도리 아닐까? 초기경전에서 법신을 오분법신(五分法身)으로, 곧 계·정·혜·해탈·해탈지견으로 규정하고 조석으로 오분향례를 올리는 것도 바로 이 응무소주(應無所住)의 법신불 도리를 드러내는 것 아닐까? 그래서 석가모니를 버리고서, 인간 붓다의 삶을 망각하고서 관음을 외고 지장을 찾고 아미타불·대일여래를 염하는 것은 아마 사도(邪道)로 떨어지는 비법(非法) 아닐까?

계향 정향 혜향 해탈향 해탈지견향.

라마그라마 원형 불사리 앞에 엎드려 예불을 올리면서 그윽한 향기를 느끼고 있다. 피땀으로 얼룩진 구수한 인간의 향기, 보살의 향기를 느끼고 있다. 이 향기가 우주법계의 대생명의 향기와 하나로 어우러져 오색찬란한 향운으로 뭉게뭉게 피어오르는 장엄한 광경을 보고 있다. 불사(不死)의 향훈을 가슴 그윽이 느끼고 있는 것이다.

여러분, 친구들, 무작정 기도해요

___ 나시크 석굴에서 무릎을 꿇고

기도송, 기도하여요

　나시크 석굴

　빤두레나 산 언덕

　석불 앞에 서서

　석굴암 대불 닮은 석불 앞에 서서

　가만히 두 손 모으고

　생각한다.

　저기 고다바리 강

　2천 6백년 전

　열여섯 구도자들

　붓다 찾아 5천리

머나먼 구도의 길 떠나던

고다바리 강 바라보며

가만히 두 손 모으고

생각한다.

「여러분, 여러 친구들

열심히 기도하여요.

뜨거운 가슴으로 열심히 기도하여요.

목마른 자가 냉수를 찾듯

장사꾼들이 큰 이익을 찾듯

더위에 지친 사람들이 나무 그늘을 찾듯

열심히 부처님께 기도하여요.

괴롭고 외로울 때

죽음의 공포로 두려울 때

카드 빚으로 죽고 싶을 때

두 손 모으고 예배 올리며 기도하여요.

아내 위하여 남편 위하여

자식들 위하여 부모님 위하여

사랑하는 사람들 위하여

이 세상 작고 가난한 동포들 위하여

사창굴에 갇혀

불타 죽어가는 불쌍한 누이들 위하여

전장(戰場)의 폐허에서

허기져 울고 있는 선한 눈망울의 아이들 위하여

몸을 던져 부처님 부르며 기도하여요.

뜨거운 눈물을 뿌리며 절절히 기도하여요.

눈앞이 캄캄하고 길이 막힐 때

'부처님

석가모니불

관세음보살

지장보살

• • •

여러분, 여러 친구들

열심히 기도하여요.

뜨거운 가슴으로 몸 던져 열심히 기도하여요.

괴롭고 외로울 때

죽음의 공포로 두려울 때

카드 빚으로 죽고 싶을 때

두 손 모으고 부처님 앞에 기도하여요.

「보드가야 대탑 부처님」

아미타불
마하반야바라밀'

무작정 이렇게 부르며 기도하여요.

"부처님,
저도 부처님같이 살고 싶어요."

무작정 이렇게 기도하여요.

"부처님께서 내 기도 아실까?
내 기도 감응하실까?"

친구여, 이렇게 의심하지 말아요.
오직 열렬히 기도하여요.
기도하는 그것으로 이미 구원이라오.

그대들은 이미 깨달아 있지 않습니까?
그대들이 바로 법신(法身)이며 광명 아닙니까?」
ㅡ기도송(祈禱頌)

충격, 환희 — 고다바리 강을 발견하고

뭄바이(봄베이)에서 나시크 행 아침 기차를 탔다. 역 광장에 시신처럼 널 부러진 수백 명의 노숙자들, 충격으로 말문이 막힌다. 이것이 인도의 실상인가? 그러나 열차에서 금융업을 하는 중년의 기품 있는 렐리 씨 가족을 만나고 그의 귀여운 딸아이가 외우는 '간디 기도문(Gandhi Prayer)'을 들으면서 또 다른 인도의 모습을 발견한다.

나시크 석굴은 뭄바이에서 가까운 나시크 시(市)의 근교 평지 위에 우뚝 선 빤두레나 산 중턱에 한 일자(一字) 모양으로 자리잡고 있다. 이 석굴은 기원전 2세기경에 조성된 23개의 석굴군으로, 경주 석굴암 형태에도 영향을 끼치고 있는 것으로 분석되고 있다.

나시크는 데칸고원 서부에 있는 도시로서 붓다 당시 교통·교역로의 주요 거점이었다. 초기경전에서 '데칸 남로'로 기록되어 있는 이 교역로는 아라비아해 연안 인도 서해안의 항구들과 내륙 도시를 연결해주고 있는데, 이 시기의 왕성한 해상 무역과 도시의 발달을 반영하고 있다.

빤두레나 산에 올라 고다바리(Godavari) 강이 이 나시크의 거리를 동쪽으로 흘러간다는 사실을 발견하고 나는 이루 형언할 수 없는 충격과 환희에 휩싸였다. 이것은 『숫타니파타』의 마지막 품 — '피안의 품(Parayana-vagga)'에 등장하는 '아지타 등 열여섯 수행자들의 구도행진 사건'이 바로 여기서, 적어도 이 근처 어디에서 시작됐다는 사실을 의미하기 때문이다. 또 '노(老)뼹기야의 기도와 붓다의 감응사건'이 바로 여기서, 적어도 이 근처 어디에서 일어났다는 사실을 의미하는 것이기 때문이다. 이것은 얼마나 가슴 벅찬 발견인가? 가슴 벅찬 만남인가?

고다바리 강 언덕에 살고 있던 요가 수행자 아지타 등 열여섯 수행자들은 스승 바바린에게서 '붓다가 이 세상에 나오셨다'는 소식을 듣고 머나먼 길을 떠난다. 이 나시크 근처 어딘가를 출발하여 데칸 남로를 따라 동북행—산 넘고 물 건너 사막을 지나 마침내 강가 강변의 사밧티에 이르고 다시 라자가하로 내려와 붓다를 친견한다. 2천 킬로미터, 5천리의 대행진, 이때의 광경을 Sutta-nipata는 이렇게 노래하고 있다.

목마른 자가 냉수를 찾듯

장사치들이 큰 이익을 구하듯

더위에 지친 사람이 나무그늘을 찾듯

그들은 급히 스승이 머무는 산으로 올라갔다.(Sn. 1014)

그들은 붓다—담마를 듣고 모든 의혹을 넘어섰다. 다시 돌아갈 까닭이 없었다. 그러나 고다바리 강 언덕에서 기다리는 스승 바바린과 백성들에게 이 소식, 이 담마를 전하지 않으면 안 되었다. 열여섯 수행자 가운데서 노(老)삥기야(Pingiya)가 이 사명을 띠고 홀로 그 길을 되돌아온다. 수행자 삥기야는 4천 킬로미터, 장장 1만리의 멀고도 험한 길을 생명을 걸고, 생애를 걸고 오간 것이다.

붓다 찾아 5천리

'저는 마음의 눈으로 밤낮없이
스승을 보고 있습니다.
스승께 예배 올리며 밤을 지새우고 있습니다.'
석굴 어디선가, 뻥기야의 기도 소리가 들려온다.

「나시크 석굴군의 18굴―석굴 사원/이상원 作」

붓다 전하러 5천리

붓다의 길 1만리—

이것은 세계 종교사에 기록될 만한 일대 사건으로 보인다. 초기불교의 구도자들은 이렇게 몸 바쳐, 생애 바쳐 붓다를 찾고 붓다-담마를 전파하였다. 그래서 불교가 황량한 실크로드(silk-road)를 담마-로드(dhamma-road)로 바꾸며 세계의 종교로 성공할 수 있었던 것이다. 이것은 무엇보다 생사를 뛰어넘는 뜨거운 종교적 열정이 그들의 가슴속에서 타오르고 있었다는 사실을 의미하는 것이기 때문에, 오늘의 많은 불자들을 부끄럽게 하는 사건일지도 모른다.

노(老)삥기야의 신앙고백

노(老)삥기야는 붓다에게로 다시 돌아가고 싶었지만 너무 늙고 지쳐 있었다. 죽음을 앞두고 있었다. 그러나 노(老)삥기야는 물러서지 않고 마지막 열정을 불태우며 붓다를 생각하고 붓다를 향하여 뜨거운 믿음을 고백하고 있다.

"저는 마음의 눈으로 밤낮없이
스승을 보고 있습니다.
스승에게 예배 올리며 밤을 지새우고 있습니다.
단 한순간이라도
저는 스승을 떠나 살 수 없습니다.

이 마음과 이 환희, 이 생각이

나를 스승의 가르침으로 향하게 합니다.

해를 따라 도는 해바라기처럼

스승께서 어디로 가시든지

제 마음은 스승과 함께 있습니다.

저는 이제 늙고 병들었습니다.

제 몸은 스승 곁으로 갈 수 없습니다.

그러나 제 마음은 언제나 스승과 함께 있습니다.

바바린 선생이여, 이렇게 제 마음은 스승과 맺어져 있습니다.

이 진흙 세상에서 몸부림치며

이곳에서 저곳으로

저는 마냥 표류하고 있었습니다.

그러다가 어느 날 저는 눈뜬 이를 만났습니다.

이 거센 물결을 건너신 이

번뇌의 먼지가 일지 않은 이

저는 스승을 만났습니다."

그 순간 붓다가 나타난다. 5천리 밖 멀리 라자가하에 머무는 붓다가 모습을

보이며 삥기야에게 응답한다.

"뻥기야여,

바깔리 · 바드라붓다 · 알라비 – 고따마같이

그대도 깨어나시오.

믿음으로 깨어나시오.

뻥기야여

그대는 이제 열반의 저 언덕으로 갈 때가 되었느니."

이 한 마디에 노(老)뻥기야는 담마의 눈을 뜨고 깨어난다. 깨달음을 실현한
다. 그리고 확신과 환희에 차서 열반의 언덕을 바라보며 나아간다. 불사(不
死)의 언덕으로 나아간다. 그는 '열반의 환희'를 이렇게 노래하고 있다.

"스승이시여, 고따마시여!

당신의 담마를 듣고

제 마음은 지금 한없는 기쁨에 젖어 있습니다.

당신께서는 제 마음의 어둠을 걷어내셨습니다.

그 어느 것으로도 견줄 수 없고

그 누구로도 빼앗을 수 없고

그 어떤 것으로도 흔들리지 않는 경지를 향하여

저는 지금 다가가고 있습니다.

열반, 저 불사(不死)의 땅으로 가는 저에게

이제 어떤 의혹도 의심도 없습니다.

제 마음이 이렇게 확신에 차 있다는 것을

스승이시여, 고따마시여

당신께서는 알고 계시겠지요."(Sn. 1142~1149)

아내를위한기도

1996년 8월.

집사람이 느닷없이 중병을 선고받았다. '재생불량성 빈혈'이라는 듣지도 보지도 못한 난치병에 걸린 것이다.

'백혈병보다 더 어려운 병, 오래 못 가는 병—'

주변 사람들의 말을 듣고 눈앞이 캄캄하였다. 그러면서도 '설마' 하는 기대가 있었고, '그렇게 보낼 수 없다'는 의지가 강하게 꿈틀거리고 있었다.

병원에 입원하고 4개월여, 온 가족들이 번갈아 간병하며 정성을 기울였다. 응급실도 처음 가보고, 무균실에서 많은 밤을 지새기도 했다. 하루 몇 차례씩 소독물을 만들어 병실 바닥과 비닐 커튼을 닦아냈다. 세탁기를 돌리고 집사람이 좋아하는 복숭아 통조림을 사다 살균 냉장고에 넣고 틈틈이 꺼내 먹였다. 나중에는 대소변도 받아내고 옷도 갈아 입혔다. 난생 처음 해보는 아내를 위한 봉사였다. 그러면서 단주를 손에 꼭 쥐고 끊임없이, '석가모니불' '관세음보살'을 염하고 불렀다. 차안에서도 부르고 학교에서도 불렀다. 백혈구 수치가 떨어지고 혈소판 수치가 떨어질 때는 가슴이 막혀오는 전율을 느끼며 오로지 부처님을 찾고 불보살의 명호를 불렀다. 어느 날 집사람이 말했다.

"집안 거덜나기 전에 먼저 가려고 약을 사 모았는데, 당신이랑 아이들

233

하는 거 보고 맘을 바꿨어요. 오늘 약을 다 버렸어요."

12월 25일 아침.

갑자기 위기가 왔다. 집사람이 혼수상태에 빠졌다. 중환자실로 옮겼다. 중환자실이 그렇게 두려운 곳인 줄 처음 알았다. 깊은 밤, 중환자실 복도 벽에 머리를 대고, '부처님 부처님–' 하고 끝없이 불렀다. '폐혈증'이라는 진단이 나왔다. 중환자실 의사가 "이 병에 걸리면 90%가 사망이다" 이렇게 말했다. 상상할 수 없는 일이다. 나는 아내를 붙들고 고함을 질렀다.

"당신 죽는데, 정신 차려–"

12월 27일 저녁.

나는 큰아이와 함께 화성 신흥사 성일스님을 찾아갔다. 당장 법당에 올라가 스님과 함께 관음기도를 올렸다. 백의관음상을 바라보며, 울부짖으며 기도했다.

"살려주세요, 살려주세요–"

12월 29일 저녁.

3일 기도를 위하여 다시 신흥사로 갔다. 기도를 마치고 사무실로 와서 병원으로 막내한테 전화를 걸었다. 그런데 기적이 일어났다. 병세가 호전돼서 13층 병실로 옮겼다는 것이다. 의식도 돌아왔다. 나는 소리쳤다.

"살았다, 이제 살았다.

감사합니다.

부처님 감사합니다.─"

1997년 1월 3일.

주치의가 올라와서, "이제 패혈증은 완전히 회복되었다. 한 고비 넘겼다" 이렇게 진단했다. 나는 재상의 기쁨을 느꼈다.

1월 4일 저녁.

전문의 조 선생이 나를 보자고 했다. 복도로 나갔다.

"상태가 다시 악화되었다. 폐에 물이 차는데, 약이 듣지 않는다. 며칠 못 갈 것이다. 마음의 각오를 해라. 호흡이 막히면 심폐 소생술을 쓰는데, 몸만 상하고 기대할 것이 없다. 어떻게 하겠는가?"

사형선고다. 뭐라고 말할 수가 없다. 눈앞이 캄캄할 뿐이다. 집사람이 죽는다니, 도저히 상상이 안 간다.

1월 6일 아침.

집에 와서 자고 병원으로 가는 길, 안산 상록초등학교 앞을 지나고 있었다. 그 찰나, 한 마디가 머리를 번개처럼 쳤다.

'제행은 무상[諸行無常]한 것이다─'

그 순간, 마음이 고요해졌다. 평정심을 찾았다. 흔들림 없는 깨달음의 경지를 체감하였다. 불사(不死)의 경지를 본 것이다. 죽음을 단지 죽음으로 보고, 오고 가는 무상한 변화를 통하여 굽이쳐 흐르는 생명의 빛을 본 것이다.

몸바쳐 기도하라, 다만 기도하라

죽음을 앞둔 노(老)삥기야의 절절한 신앙고백

몸을 던져 목숨 걸고 하는 노(老)구도자의 절절한 기도

5천리 머나먼 길을 뛰어넘어 문득 몸을 나투는 붓다

노(老)삥기야의 손을 잡고 담마를 설하는 고따마 붓다

스승의 깨우침으로 눈뜨고

확신과 환희에 차 죽음을 맞이하는 노(老)구도자

아니, 불사(不死)의 언덕으로 나아가는 노(老)구도자—

이것은 참으로 인류 정신사의 일대 장관 아닐까? 2천 6백년 불교사의 일대 절정 아닐까? 이보다 더 아름다운 기도 역사, 기도 문학을 또 발견할 수 있을까? 가장 오래된 초기불경에서 이러한 '기도 감응 사건'을 발견하다니, 이것은 얼마나 놀라운 행운일까? 얼마나 놀라운 구원일까? 축복일까?

'불교는 기복종교가 아니다.

불교는 깨달음의 종교이다.

기복을 버리고 깨달음으로 가야 한다—'

최근 이런 목소리가 더욱 높아지고 있다. 본질을 망각한 왜곡된 현실 앞에서 얼마나 절망하고 얼마나 안타까웠을까? 이렇게 외칠 수밖에 없는 그들의 심정을 공감하고도 남음이 있다. 그러나 '기복은 불교가 아니다'는 주장은 다시 생각해 보아야 할 것이다. 기복(祈福), 곧 기도(祈禱)와 깨달음을 이분법적으로 갈라놓는 사고방식 또한 새삼 통찰이 필요한 것으로 보인다.

　• • •
　　저기 고다바리 강, 2천 6백년 전
　　뻥기야 등 열여섯 구도자들
　　붓다 찾아 1만리
　　머나먼 구도의 길 떠나던 고다바리 강
　　그 강을 여기서 만나다니—

「나시크 석굴—나시크의 빤두레나 산 언덕에 ㄱ字로 뚫린 23개의 석굴군. 멀리 동쪽으로 「숫타니파타」—
피안품에 나오는 고다바리 강이 흐른다./이상원 作」

기복은 본능 아닐까? 순수본능 아닐까? 복을 구하여 기도하는 것은 누구도 부정할 수 없는 순수하고 자연스런 만인의 본능 아닐까? 이 본능을 부정하고서 성공할 수 있을까? 어떤 논리로서 설득될 수 있을까?

"부처님, 저는 부처님 떠나서는 한순간도 살 수 없습니다."
죽음을 앞둔 노(老)구도자의 저 절절한 부처님 생각, 염불기도를 누가 부정할 수 있겠는가?

"살려주세요, 아내를 살려주세요."
죽어가는 아내를 위하여, 아니 자신을 위하여 관세음보살 앞에 매달려 기도하는 저 외로운 지아비의 기도를 누가 '아니다'고 할 수 있겠는가? 불교는 그렇게 매정한 종교가 아니지 않은가? 도리어 불교는 만인 앞에 행복의 문을 크게 열어놓고 있는 것이 아닐까? 기복의 문, 축복의 문을 열어놓고 있는 것이 아닐까? 믿음-기도를 통한 깨달음의 문을 활짝 열어놓고 있는 것이 아닐까? 저 절절한 기도 없이는 깨달음도 없는 것 아닐까? 깨달음은 메마른 수행의 산물이 아니라 뜨거운 열정, 뜨거운 기도 헌신의 창출 아닐까?

'부처님, 불보살님—'
이렇게 염하면 그것으로 족할 것이다. 다만 이렇게 몸 던져 일심으로 기도하면 그것으로 족할 것이다. 즉시 붓다가 감응하리. 저 노(老)뻥기야에게 하듯, 우리 앞에 나타나 우리 손을 잡고 불사(不死)의 언덕으로 이끌어

가리. 더 무엇을 생각하고 분별할 것이 있겠는가.

나시크 석불님

저기 고다바리 강이 굽이쳐 흐르는 빤두레나 산 나시크 석불님—

그 앞에 두 손 모으고 서서 나는 노(老)뼁기야를 생각한다. 그 절절한 기도 소리를 듣고 그의 노안 가득 흐르는 뜨거운 눈물을 본다. 아내를 생각한다. 아내도 내 기도 듣고 있겠지. 내 뜨거운 눈물 보고 있겠지. 문득 붓다의 목소리가 들려온다.

"벗이여, 그대도 믿음으로 깨치시오
믿음으로 불사(不死)의 열반으로 나아가시오."

안으로, 밖으로, 안팎으로

____ 아 잔 따 석 굴 을 박 차 고 일 어 나

와고라계곡, 장사꾼들의 수행도량

해가 서서히 기울어 가는 늦은 오후의 아잔따 석굴. 찾는 사람들의 발길은
번잡해도, 왠지 좀 썰렁하고 멀어 보인다. 계곡의 강물도 말라 있다. 이 썰
렁함은 무엇 때문일까? 석굴에서 뿜어져 나오는 침묵 때문일까? 생기발
랄한 인간들의 부딪침을 잃어버린 차가운 침묵 때문일까?

아잔따(Ajanta)는 마하라슈트라 주(州) 와고라 강 계곡에 위치해 있다.
북쪽으로는 잘가온과 통하고 남쪽으로는 오랑바가드로 이어지는 '데칸의
문' 역할을 하고 있었다. 이것은 아잔따가 인도 서해안 항구도시로부터 동
북 강가 강 유역으로 가는 고대 교통 · 교역로, 대상(隊商)들의 길에 인접
하고 있다는 사실을 의미한다.

석굴은 말굽 모양으로 흐르는 와고라 천변(川邊), 인디야드리 언덕 사이
에 29개의 석굴들로 이뤄진 거대하고 화려한 석굴군이다. 아잔따-아잔따

• • •

데칸 고원 와고라 계곡

상인·대상들의 장삿길

그들 시민들 대승불교의 주역들은

이 굴속에 붓다의 삶—보살의 삶을 재현하고

그들 스스로 피땀 흘리며 담마를 전파하고

멀리 실크—로드를 담마—로드로 개척하고—.

「와고라 계곡의 아잔따 석굴군(群)—와고라 계곡 인디야드리 언덕, 말굽 모양으로 구부러진 5백미터 길이에 29개의 굴이 조성되어 있다.」

석굴은 불교 미술의 꽃으로 일컬어진다. 천 2백여 개 인도 석굴 중에서 이 석굴은 백미로 꼽히고 있다. 많이 훼손되고 도난당하기도 했지만, 아직도 선명하게 원형을 간직하고 있는 조각, 벽화들의 예술적 가치와 종교적 의미는 여전히 빛을 발하고 있다.

석굴의 조성은 기원전 1세기경으로부터 기원후 7세기경까지 약 8백년 간에 걸쳐 점차적으로 진행되었다. 석굴의 내부구조는 체이띠야-예불당과 비하라-승방으로 구분된다. 이들 승방에는 붓다의 생애와 자따카에 나오는 전생 보살담, 수많은 건달바와 천녀 · 악사(樂士) · 야차(夜叉)들이 화려한 색채로 그려져 있다. 미륵 · 밀적금강보살 등 대승불교의 영향도 발견되고 있다.

아잔따 석굴은 천년 넘게 망각되고 방치되어 왔다. 1819년 마드라스 사단의 영국군 장교 스미스(John Smith)가 우연히 이 굴을 발견할 때까지, 이 아잔따는 인적이 끊긴 오랜 계곡의 숲속에 묻혀 있었던 것이다.

그러나 기원전 2세기경 이후 굴들이 조성될 당시 이 아잔따는 번창한 교역로에 위치해 있었고, 수많은 대상(隊商) · 상인들이 이 계곡의 통로를 오갔다. 이 굴들의 조성 사업도 주로 이 상인 · 자산가들과 민중의 경제적 후원과 기증에 의하여 추진된 것이다. 그들은 이곳 와고라 계곡의 인디야드리 언덕 침식단애에 시원한 석굴을 파고 그 안에 비하라(僧房)를 만들고 수행대중들이 걱정 없이 공부할 수 있도록 힘을 기울인 것이다. 동시에 여기서 그들 스스로 수행한 것이다. 붓다 앞에, 스뚜빠와 불상 앞에 예배하고 수행대중들에게 공양 올리며 평화와 축복을 찾고 담마를 구하였다. 말하자면, 이 아잔따는 대상들·장사꾼의 수행도량, 수행공동체의 현장이다.

변방개척의 전진기지로

마야 부인의 태몽, 여섯 이빨 흰 코끼리

고따마의 4문유관

보드가야 보리수, 마라의 유혹과 깨달음

바라나시 사슴동산의 초전법륜

꾸시나가라 사라쌍수, 열반에 드는 붓다와 통곡하는 사람들—

아잔따 석굴은 도처에서 붓다 석가모니의 생애를 다양한 기법으로 재현해 내고 있다. 붓다가 담마를 전파해 가는 고행·난행의 역사를 가장 큰 주제로 추구하고 있다. 이것은 인도 민중들, 상인·대상·자산가들이 붓다를 이상으로 삼고, 우리도 부처님같이—, 이렇게 열렬히 붓다의 삶을 추구하고 있었다는 사실을 새삼 일깨우고 있는 것으로 보인다. 26굴의 열반상과 통곡하는 사람들, 그들의 절절한 눈물이 이러한 민중들의 염원을 아직도 뜨겁게 드러내고 있는 것이다.

건달바와 그들의 부인 천녀들

야차와 야차녀들

하늘의 악사(樂士)들—

화려한 색채로 비상하면서 이들 신(神)들은 여기가 광활하고 다양한 민중신앙의 열린 공간이었음을 노래하고 있다. 여기가 하늘나라에 태어나기

. . .
　대승은 내가 부처되는 것
　이 세상 모든 사람—모든 생명이 부처되는 것
　아니 본래 이미 부처인 것
　그래서 천불(千佛), 만불(萬佛), 무수불(無數佛)—

「아잔따 제2석굴의 과거 천불(過去千佛)」

를 갈망하는 민중들의 세속적 구복을 충족시켜 주는 활짝 열린 기도의 공간이었음을 아름다운 악기와 목소리로 연주하고 있는 것이다.

미륵보살

밀적금강보살

연화수보살과 그의 부인 흑색 공주―

아잔따 석굴의 큰 특징 가운데 하나가 수많은 보살―보살행의 등장이다. 이러한 보살들과 더불어 Jatakha에 나오는 붓다의 전생 보살행들이 화려하고 환상적인 모습으로 재현되고 있다. 제16굴 왼쪽 벽에는 배고픈 여행자를 위하여 자기 몸을 던지는 자비로운 코끼리, 곧 석가보살이 등장하고 있다. 이것은 아잔따 수행대중―수행중(修行衆)들이 단지 명상이나 구복 기도에 머물지 아니하고, 몸을 던져 세상 사람들을 구제하는 헌신 수고의 보살행을 그들 삶의 이상(理想)으로 추구하고 있었다는 사실을 넉넉히 증거하고 있는 것이다.

몸을 던지는 보살행은 그들 아잔따 수행대중들에 의하여 현실적으로 실천되고 있었다. 아잔따 건설의 주역인 대상(隊商)·상인 등 대중들은 변방으로 변방으로 길을 개척하며 교역하고 담마를 전파하였다. 남쪽으로는 남인도 인드라 지방으로 담마를 전파하고, 북쪽으로는 멀리 아프가니스탄의 험난한 페샤워르 계곡을 넘어 불모의 사막으로 담마―로드를 열어간 것이다.『인도와 네팔의 불교성지』에서는 이렇게 기록하고 있다.

이곳 제2굴에서 가장 중요한 의미를 함포해 가지는 것은 역시 내부 감실 오른쪽 입구에 그려진 과거천불(過去千佛)의 형상이라고 말할 수 있다. 마치 중앙아시아를 건너 돈황(敦煌) 지방의 천불동 동굴에서나 바라볼 수 있음직한 이곳 천불의 형상을 통해, 그리고 이곳 동굴사원 전체의 구성양식 속에서, 우리는 이곳 서부 데칸 고원으로부터 중앙아시아의 실크로드를 통해 중국의 돈황 석굴·운강 석굴·용문 석굴을 거쳐 우리 한국의 석굴암까지 이어지는 동굴사원 건축양식 및 기법을 추정할 수도 있기 때문이다.

위빠사나 법사님과의 법담

2003년 7월 어느 날,

도피안사로 위빠사나 수행단이 왔다. 20명이 넘는 대중들이다. 이 더위에 이렇게 많은 분들이 진지하게 수행에 열중하다니, 정말 신나고 장한 일이다. 점심공양을 마치고 지도법사님과 법담을 나누게 되었다. 나는 체면 불고하고 물었다.

"위빠사나, 그 문제 많지 않습니까? 간화선이건 위빠사나건, 일상적인 삶의 문제를 떠나서 너무 전문화되고 기교화되고 있는 것 아닙니까?"

"전혀 그렇지 않습니다. 위빠사나는 생활현장에서 몸과 마음의 움직임을 관찰하는 것입니다. 일할 때도 그 일하는 동작을 하나하나 관찰하는 것이기 때문에 삶의 현장을 떠나는 것이 아닙니다."

"아, 그렇군요. 그것 정말 다행입니다. 그런데 제가 위빠사나에 대해서 느끼는 문제의 하나는 위빠사나가 너무 자신에게만 치중하여 사회적인 문제, 시대정신, 역사의식, 이런 것하고는 괴리되고 있는 것이 아닌가 하는 점입니다."

법사님은 단호하게 말하였다.

"위빠사나는 사회적인 문제에 대해서는 전혀 관심이 없습니다. 오로지 자신에 대해서만 관찰하는 것입니다. 사회문제 같은 것은 그 다음의 문제입니다. 자기 문제만 해결되면 사회문제는 자연히 해결되는 것 아닙니까?"

"바로 거기에 문제의 핵심이 있는 것 아닙니까? 미얀마의 경우, 위빠사나가 가장 발달된 나라로 평가되지만, 그 나라 국민들은 어떻습니까? 군사독재 국가에 세계 최빈국 아닙니까? 그런 상황에서 위빠사나가 무슨 의미가 있겠습니까?"

"수행은 자신의 내적 통찰에 전념할 뿐, 그런 문제와는 관련 없습니다. 위빠사나의 목적은 개인의 깨달음에 있는 것이지 다른 것은 부차적인 문제입니다. 미얀마에는 훌륭한 스승들이 많습니다. 국가적 상황으로 그분들의 수행법을 과소평가해서는 안 될 것입니다."

"바로 그것이 문제입니다. 사회가 불타는데 그 가운데서 '나 홀로 깨끗하다' 이것이 진정한 깨달음이 될 수 있겠습니까?

위빠사나가 문제 삼는 사념처란 것, 곧 나 자신의 번뇌라는 것, 그것 자체가 순전히 나 개인의 문제가 아니질 않습니까? 몸 · 느낌 · 마음 · 법이란 그 자체가 연기의 장(場), 수많은 내외적인 조건들이 얽혀 있는 집합의 장, field에서 형성되는 것 아닙니까? 내 마음이란 것도 근원적으로 보면 집단무의식의 발로 아닙니까? 수많은 사람들이 공유하는 그 생각, 그 마음을 내 마음이라고 하는 것 아닙니까? 이 다양한 조건들, 사회적 대중적

조건들의 변화 없이, 사회적 변혁의 노력 없이 순전히 내면적 관찰로 여실
지견하겠다는 그 발상에 문제가 있는 것 아닙니까? 이러한 노력, 안팎의
변화를 동시에 추구하는 것이 붓다적 수행의 본질 아닐까요?"

"…"

"법사님께서 오늘 제기된 이 문제를 진지하게 고민해주시기 바랍니다."
"좋습니다. 함께 고민해 봅시다."

참선수행, 그 요체는 무엇인가?

법사님과의 법담을 마치고 서재에 돌아와서도 내 마음은 어쩐지 편치 못
했다. 나는 스스로 묻고 있었다.

'내 주장이 과연 법다운 것일까? 사회적 실천에 관한 내 오랜 신념을
말한 것이긴 하지만, 과연 그것이 수행의 본질에 맞는 것일까? 붓다—담
마에 일치하는 것일까? 내가 공연히 열심히 수행하는 분들 방해한 것은
아닐까?'

나는 즉시 경전을 꺼내 펼쳤다. 남방 장부경(長部經, Digha-Nikaya)의
『대념처경(大念處經)』을 열었다.

나는 이와 같이 들었다.

어느 때, 붓다께서 깜마사담마라고 불리는 꾸루인들의 한 저자 마을에 계
셨다.

붓다께서 "수행자들이여—" 하고 부르자 수행승들은 "예, 세존이시여" 하고

대답하였다. 붓다께서 설하셨다.

"수행자들이여, 모든 생명들을 정화하고 근심과 고뇌를 극복하며 고통과 슬픔을 소멸시키고 열반의 실현을 위한 바른 길을 획득하는 데 유일한 길이 있으니, 곧 사념처(四念處)이니라. …

이와 같이 수행자는 안으로 몸[身]을 몸으로써 통찰하고, 밖으로 몸을 몸으로 통찰하고, 안팎으로 함께 몸을 몸으로 통찰한다. …

이와 같이 수행자는 안으로 밖으로 안팎으로 함께 느낌[受]·마음[心]·법(法)을 통찰한다. …

수행자들아, 누구든지 사념처를 이렇게 7년간 수행한다면, 그는 두 가지 결과 가운데 한 가지를 얻을 수 있을 것이다. 현재의 상태에서 온전한 지혜(阿羅漢果)를 얻거나 번뇌가 남아 있다면 다시 태어나지 않는 지혜(不還果)를 얻을 것이다. 수행자들아, 7년간은 고사하고 6년간… 1년간… 7개월간… 1개월간… 보름 동안… 이레 동안 수행한다면, 그는 두 가지 결과 가운데 한 가지를 얻을 수 있을 것이다.(DN. 2. 292-315)

'안으로 통찰하고 밖으로 통찰하고 안팎으로 함께 통찰하고─'
순간 섬광이 번쩍하였다. 현기증을 느끼는 듯 아찔하였다. 나는 소리쳤다.
"그래, 바로 이것이야. 부처님 멋쟁이, 역시 부처님은 부처님이야─
수행은 안과 밖으로 동시에 하는 것이지. 자기 통찰과 남들·동포들, 이 사회에 대한 통찰을 함께 하는 것이지. 이것이 참선수행의 본질인 것이지. 안으로 스스로 마음을 집중하고(內的 省察) 밖으로 다른 사람들─ 이웃들

참선은 서서 걸으며 노동하며 하는 것
위빠사나는 두 눈 크게 뜨고 이 세상 살피며 하는 것
친구들, 이제 훌쩍 일어나시오. 저 천녀같이 자유롭게.

「아잔따 석굴의 천녀(天女)」

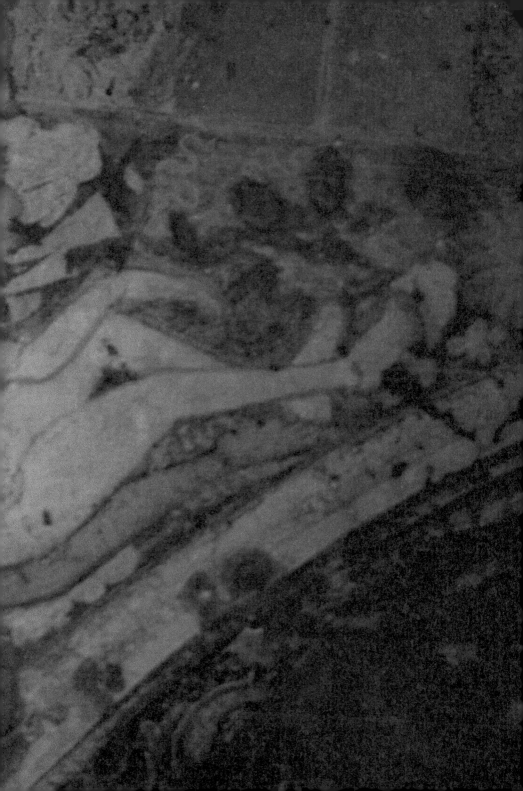

에 대하여 자비 연민으로 보살피는 것(社會的 實踐), 나를 수호함으로써 남을 수호하고 남을 수호함으로써 나를 수호하는 것, 바로 이것이 참선의 본질이며 요체인 것이지.

하하하, 이 자명한 도리를 이제사 발견하다니—"

궁핍한 나그네를 위하여 제 몸을 던지는 보살
수레를 몰고 불모의 대지를 달리는 대상들
황량한 벌판을 달려 변방으로 변방으로 담마를 전파하는 상인들
히말라야를 넘고 사막을 가로질러 담마—로드를 개척하고
중국-한국으로 아시아로 지구촌으로 붓다 세계를 여는 민중 전법사들
그러면서 끊임없이 가부좌로 앉아 이 몸을 통찰하는 아잔따의 대중들—
이들이야말로 진정한 수행자들 아닐까? 이들이야말로 진정한 참선수행자들 아닐까? 아잔따 석굴은 이 소식을 일깨우기 위하여 천년 매몰 속에서도 찬란한 오색의 빛을 간직해 온 것 아닐까?

뙤약볕 아래 농사하면서 때때로 '하나 둘—' 호흡 헤아리고
땀 뻘뻘 흘리며 노동하면서 때때로 '이뭣고—' 화두 들고
저잣거리에서 악다구니 쓰며 때때로 '석가모니불—' 염불하고
거리로 나서 탁발하며 걸음걸음 '이것은 몸이다—' 통찰하고
이것이 참선법 아닌가? 붓다의 참선법 아닌가?
그래서 용성스님은 선농일치를 실천하고 박세일 교수는 '노동선(勞動禪)'을 주장하는 것 아닌가?

오늘의 수행자들은 왜 이 도리를 잊었을까? 수레가 두 바퀴로 굴러가듯, 안팎의 통찰, 이것은 자명한 도리인데, 왜 이 도리를 망각하였을까? 왜 참선의 본질을 망각하였을까? 그러고서도 깨닫겠다고 무작정 앉아 있고, 간화선이다 위빠사나다 무작정 앉아 있고―, 보름이면 족할 것을 7년, 10년, 20년을 앉아 있고― 그러면서 '내가 깨달은 다음 중생 제도하겠다' 이렇게 뻔한 거짓말로 자신을 속이고 사회를 기만하고 있는 것일까?

악, 이뭣고―

어서 깨어나시오.

어서 일어나시오. 냉기어린 굴에서 떨치고 일어나시오.

어서 일어나 이 햇빛 찬란한 저잣거리로 달려나오시오. 몸을 부딪치며 함께 어울리며 사랑하고 미워하고― 이렇게 한번 살아보시오. 사막을 가로질러 달려가는 아잔따 대중들― 대상들의 수레소리가 들리지 않소?

이 땅의 탁발승들, 다 어디로 갔는가

_____ 엘 로 라 의 화 려 장 엄 한 불 사 를 보 고

불교와 힌두교의 석굴들, 그 차이

광활한 데칸 고원을 넘어 달리면서 칸다하르(Khandahar, 천민)들을 보았
다. 최하층의 불가촉천민들, 도로변 숲속에 금세 바람에 날려갈 것 같은
작고 초라한 풀집들, 저곳이 사람 사는 집인가? 저들이 정말 사람들인가?
세상에 이런 사람들이 있다니ㅡ 나는 붓다가 비틀거리며 찾아 나섰던 꾸
시나가라 외진 숲속의 작고 궁핍한 사람들을 생각하고 있었다. 그리고 엘
로라를 보았다.

　엘로라(Ellora)는 데칸 서부의 전통적인 교역로 삼각지대에 위치하고 있
다. 동남쪽 26킬로미터 지점에 오랑가바드가 있고 서북쪽에 비하르, 동쪽
에 아잔따가 있다. 서쪽으로는 나시크를 경유, 해안 항구 도시로 이어지고
북쪽으로는 멀리 웃제이니와 연결된다. 따라서 엘로라의 석굴들도 이 교
역로를 왕래하는 대상(隊商)ㅡ상인 등 자산가들과 이 지역에서 번창했던

엘로라, 화려 장엄한 예배당·승방
그대들은 잊었는가?
헌 누더기, 발우 하나로 밥을 빌고
병든 사람 품에 안고 밤새 간병하고
이렇게 살지 않으면서
무엇으로 수행자라 할까?

「엘로라의 석굴군(群), 그 화려한 승방―남북 2킬로미터의 언덕에 34개의 석굴이 조성되었다.」

왕조-서(西)차르카 · 라쉬트라쿠타 왕조의 기증과 후원에 의하여 건축된 것이다.

엘로라 석굴군은 마을 근처의 엘로라 언덕 서쪽 경사면에 남북으로 이어지는 2킬로미터 길이에 34개의 굴들로 이루어져 있다. 이 굴들은 대부분 6~8세기 기간에 조성되었고, 불교─자이나교─힌두교의 석굴들이 차례로 축조되어 있는 것이 그 특징이다. 34개의 굴을 종교별로 구분해 보면 다음과 같다.

　제1굴~제12굴 : 불교 굴원

　제13굴~제29굴 : 자이나교 굴원

　제30굴~제34굴 : 힌두교 굴원

엘로라에서 목격되는 가장 주목할 만한 사실은 불교─자이나교─힌두교의 굴원들이 차례대로 조성되어 있다는 점일 것이다. 특히 불교 굴원 옆에 조성된 장엄한 시바신전이 돋보인다. 카일라스 산, 곧 수미산의 형상으로 우뚝 선 신전에는 인도인들의 양대 서사시─마하바라타와 라마야나 사건들이 힘차고 역동적인 모습으로 재현되고 있다. 사랑과 증오, 성적(性的) 교감의 환희, 전쟁과 살육, 승리와 패배, 신과 악마의 대결… 신화와 역사의 이야기들이 적나라하게 묘사되어 있다. 어둡고 깊은 굴이 아니라 햇빛 찬란한 양지에서 대담하게 거침없이 전개되고 있는 것이다.

　어둡고 냉랭한 굴원과 햇빛 쏟아지는 양지

　내면으로 침잠하는 명상과 밖으로 내뿜는 열정.

우리는 여기서 불교와 힌두교의 어떤 차이 같은 것을 느낄 수 있을지 모른다. 그리고 이러한 양자의 차이는 성력(性力, sakti) 문제에서 특히 예민하게 드러나는 것으로 보인다. 힌두 조각에서는 남녀간의 성적 접합이 숨김없이 대담하게 노출되고 있다. 그러나 불교 조각에서는 이런 경우를 발견하기 어렵다. 간혹 눈에 띄는 예가 있다 할지라도, 그것은 힌두적인 것의 일시적 삽입일 뿐이다. 불교에서는 도리어 이런 성력을 인정하지 않고 번뇌-업력으로 죄업시하려는 강한 성력금단(性力禁斷) 증상을 드러내고 있는 것으로 보인다.

민중의 자연스런 본능과 불교적 금욕의식,

이 양자 사이의 갈등과 괴리는 엘로라 석굴의 조각 앞에서 당혹해하는 순례자들의 표정에서도 여실히 드러나고 있는 것이다.

화려 장엄한 예불당 · 승방

12개 불교 굴원 가운데 제10굴이 전형적인 체티야, 곧 예불당이고 나머지는 비하라-승방들이다. 이 굴원들은 모두 규모가 크고 건축 양식이 다양 화려하며 섬세 화려한 조각들로 장식되어 있다는 특징을 지니고 있다.

제10-체티야 굴은 2층 건물로 조성되어 있는데, 굴원 앞부분 2층에는 발코니가 마련되어 있고 이곳의 창문으로부터 들어오는 빛이 내실을 조명하고 있다. 예불당 2층은 30개의 돌기둥으로 떠받쳐 거주 공간으로 사용되었는데, 마치 목조를 방불하게 하는 아치형 천정이 조각되어 있어, 호화 장엄미를 더하고 있다. 예불당 전면에 스뚜빠가 돌출해 있고, 그 앞에 붓다의 설법상이 봉안되어 있다. 이 불상을 중심으로 관음·미륵보살과 수많은 천녀 무리들이 조각되어 있다. 다른 굴들은 승방으로 쓰인 것인데 역시 규모가 크고 화려한 조각들로 장엄되어 있다. 굴원 내부에는 후기 대승불교와 초기 밀교시대를 상징하는 수많은 보살상·만다라상이 조각되어 있다.

이 엘로라의 예배당은 초기의 단순 소박했던 그 예배당이 이미 아니다. 정교한 스뚜빠와 불상, 호화로움과 인공미가 돋보이는 정면의 2층 발코니. 이 예불당은 마치 호화 빌라처럼 보인다. 가난하고 외로운 꾸시나가라 백성들이 찾아와서 붓다를 부르며 눈물로 예배 올리던 그 소박한 믿음의 마음은 어디서도 느껴지지 않고 있다.

비하라, 곧 승방들도 출가중들의 수행 공간으로 보기에는 지나치게 화려하고 거대하다. 제12굴의 3층 건물은 잘 장식된 귀족들의 저택을 연상시킨다. 자산가들과 귀족들이 그들의 저택을 그대로 옮겨놓은 것일까? 붓다와 초기 대중들이 머물던 제따바나―기원정사, 숲절의 그 단순하고 초라한 초가집 모습은 어디로 간 것일까?

인도 불교, 그 쇠망의 원인을 생각한다

장엄 화려한 체티야

호화 빌라를 연상시키는 비하라―승방들

눈부시게 장식된 불상과 보살상들

굴원의 조각들을 보고 있는 수많은 관광객들.

나는 그들 가운데 서서 곰곰 생각에 잠긴다.

불교도들은 어디 갔을까?

이 수많은 현지인들 가운데 이 예불당 앞에 합장하는 불교도가 한 사람도 없단 말인가?

어찌 그들은 이리도 무심할 수 있단 말인가?

인도 불교는 어디 갔는가?

이 사람들에게 이 거룩한 예불당은 무슨 의미가 있는 것일까? 저 무표정한 사람들에게 저 화려 장엄한 굴원의 장식들은 어떤 의미가 있는 것일까? 그저 한갓 외화벌이 장소에 불과한 것일까?

어찌하여 이 땅에서 불교는 사라졌을까?

어찌하여 인도 대륙을 'Buddhist India'로 변화시켰던 붓다의 법이 이토록 처참하게 사라졌을까? 어찌하여 이 엘로라는 냉랭한 침묵과 무관심으로 방치되어 있을까?

단순히 이슬람의 침략 때문일까? 그렇다면 힌두는 어떻게 살아남았을까? 자이나는 어떻게 살아남았을까?

지금 나는 그 원인을 이 엘로라에서 목격하고 있다. 제10굴의 화려 장엄한 예불당과 냉랭하게 스쳐 지나가는 현지 민중들 속에서 목격하고 있다.

무엇일까?

이 사람들 외면하고
개딱지보다 못한 집에 살며
빌어먹는 이 동포들 외면하고
엘로라같이 화려 장엄한 석굴 만들고
화려 장엄한 예불당·승방 만들고
견성하겠다고 앉아 있고
그러다 인도 불교는 스스로 망해가고—.

「데칸 고원의 칸다하르 최하층 천민들—걸식이나 천한 일에 종사하며 살아간다.」

인도 불교 쇠멸의 진정한 원인은 무엇일까?

민중의 상실

민심의 상실—

그래, 바로 이것이야. 이 거대한 굴원들·예불당과 승방들·이 화려 장
엄한 조각들·불상과 스뚜빠와 보살들과 천녀(天女)들, 이것들이 불교로
부터 민중을 뺏어간 거야, 민중들로부터 불심(佛心)을 뺏어간 거야.

화려 장엄한 엘로라 굴원들, 이것은 결코 우연이 아닐 것이다. 이것들은
6~8세기경 인도 불교의 변화된 풍속도를 잘 드러내 보여주고 있다. 정확
하게 말하면, 이 시기 승려들의 변질된 생활상을 여실히 드러내 보이는 것
으로 보인다.

그들은 이미 초기의 수행 풍토로부터 멀리 벗어나 있었다. 그들은 아침
마다 밥을 빌러 마을 사람들을 찾아가지 않았다. 승원 안에 조리와 취사
시설을 갖추고 식량을 쌓아두고 있었다. 승단은 많은 토지를 소유하고 금
전을 관리하였다. 승려들의 금전 소유와 그 관리가 큰 문제로 제기되었다.
'금전 처분인'을 둘 정도였다. 따라서 마을 사람들에게 애써 담마를 전할
까닭도 없었고, 소박하고 자연스런 민중들의 일상적 욕구들에 대하여 관
심을 가지고 상담할 까닭도 없었고— 갑남을녀들의 성(性) 문제, 그것은
오히려 귀찮은 기피사항 아니었을까?

화려 장엄한 사찰과 초라한 민가들

곡물을 썩히는 승려들과 굶주림으로 허덕이는 민중들

탁발을 포기한 수행승들과 성적 욕구를 포함한 일상적 삶의 고뇌를 함께 상담할 파트너를 잃어버린 마을 사람들―

엘로라는 이러한 인도 불교의 변질을 여실히 드러내 보이는 물증일지 모른다. 비록 아직도 많은 수행승들이 청정 가풍을 지키며 정진하고 있었다는 사실을 인정한다 할지라도, 일부 승단―승려들의 이러한 물질 지향적 귀족적 변질은 이미 그 자체로서 인도 불교의 생명력을 손상시키기에 충분했던 것으로 보인다.

이렇게 해서 승려들이 깊고 그윽한 승원에서 명상에 잠기거나 아비달마적(학문적) 저술에 몰두하는 동안, 고단한 민중들은 붓다―담마에 대하여 무관심해진 것 아닐까? 점차 불교로부터 냉랭하게 멀어져가고 있었던 것 아닐까? 그래서 그들은 그들의 일상, 자연스런 삶 속으로 깊숙이 들어와 있는 힌두쪽으로 발길을 돌리고, 성적 쾌락을 죄악시하는 비민중적 불사음(不邪淫)의 음습한 금단(禁斷)지역을 뛰쳐나와 성적 해방을 구가할 수 있는 양지로 몰려가고… 그래서 인도 불교는 스스로 쇠망의 경사로 기울어진 것 아닐까?

이 땅의 엘로라들을 생각하며

화려 장엄한 엘로라

싸늘한 냉기 속에서 망각된 엘로라 석굴―

그 앞에 서서, 나는 오늘의 우리 불교, 우리 사찰들을 생각하고 있다.

화려 찬란한 사찰 건물
수십 억짜리 불상
빌라 같은 법당 · 승방
탁발 정신 잃어버린 수행자들—
한국 불교는 엘로라를 닮아가는가?

「엘로라 석굴─화려 찬란한 수많은 불상들, 예불당 · 승방.」

이 땅에는 엘로라가 없는가?

이 땅에는 화려 장엄한 엘로라들이 없는가?

이 땅에는 수십 · 수백 억짜리 화려 장엄한 사찰은 없는가?

양로원 · 보육원 · 유치원 · 장애인 학교는 외면하고 장엄 화려한 법당 · 승방에 민중의 혈육, 시줏돈 쏟아 붓는 그런 사찰은 없는가?

수십억짜리 불상 · 범종, 화려한 사찰 · 승방 이 땅의 대중들은 이것이 불교 망하는 길인 줄 아는가?

이 땅의 대중들은 깨끗한 누더기 입고 있는가?

이 땅의 대중들은 거칠게 먹고 함께 나눠 먹고 있는가?

이 땅의 대중들은 작고 초라한 집에서 머물고 있는가?

이 땅의 대중들은 민중들의 일상적인 욕구들, 자연스런 삶의 욕구들에 관하여 함께 고민하며 상담하고 있는가?

이 땅의 대중들은 마을을 돌며 피땀 흘리며 전도 전법하고 있는가?

깨끗한 누더기 입지 않는데, 무엇으로 수행승이라 할 수 있을까?

거칠게 먹지 않는데, 무엇으로 수행승이라 할 수 있을까?

작고 초라한 집에 머물지 않는데, 무엇으로 수행승이라 할 수 있을까?

병들어 죽어가는 동포들을 위하여 탁발하지 않는데, 무엇으로 수행승이라 할 수 있을까?

성적(性的) 문제를 포함한 세속적인 욕구와 고뇌를 두고 함께 고민하고 모색하지 않는데, 무엇으로 수행승이라 할 수 있을까?

저잣거리를 돌며 전법하지 않는데, 무엇으로 수행승이라 할 수 있을까?

대중—사람들 섬기기를 먼저 배우지 않는데, 무엇으로 수행승이라 할 수 있을까?

나는 문득 안성 석남사(石南寺) 정무스님을 생각하고 있다.

1970년 동덕불교반으로 처음 인연을 맺은 지 어언 30여 성상, 정무스님은 도대체 변화가 없다. 패기 넘치던 장년의 모습에서 팔순을 바라보는 기력이 쇠한 노인으로 변했을 뿐, 스님의 행적에는 전혀 변화가 없다. 허름한 승복, 고무신, 낡은 바랑 하나, 그 바랑 속에 간직한 단원 김홍도 선생의 '부모은중경' 판각화 몇 장,— 스님은 이렇게 평생을 돌아다닌다. 때로는 권력에 밀려 말사 주지자리 하나도 지키지 못하고 이리저리 대중처소의 말석에서 밥을 빌고—, 하도 소식을 몰라 몇 년 전 불교잡지에 '스님을 찾습니다' 하고 광고까지 냈을까.

2003년 5월 어느 날, 이른 아침에 갑자기 전화가 왔다. 정무스님이다. 안성 석남사의 주지로 계시는데, '오늘이 중창불사 회향식이니 와서 축사 한 마디 하라'신다. 달려갔다. 도량에 들어서는 순간, 나는 깜짝 놀랐다. 절 도량이 완전히 달라져 있었다. 몇 달 전 보았던 그 가람이 아니었다. 누각이 들어서고 선방이 들어서고 부모은중경탑이 들어서고—. 그런데 스님은 이 불사를 하면서 권선문 한 장 돌리지 않았단다. 오늘이 회향일인데 초청장 한 장 안 돌리고— 사람들이 풍문으로 듣고 와서 기둥 하나 서까래 하나씩 보태고, 은중경탑에 잡역부의 이름까지 다 새기니 노동자들이 자원으로 신명나게 일하고—.

스님은 지금도 하루 세끼 엄격히 발우공양이다. 공양 끝나면 신참 행자까지 다 둘러앉아 차를 마신다. 전혀 차별이 없다. 새벽예불이 끝나면 대중들과 함께 참선하고 학인들을 손수 가르친다. 세탁할 때 세제를 절대 못 쓰게 한다. 그러면서도 오로지 전법 일념이다. 경찰대학 학생회, 세무대학 학생회… 전국의 수많은 불교단체를 손수 창립하고 지도해 왔다. 교도소로 군부대로 대학생 모임으로… 지금도 청하면 틀림없이 달려간다. 그래서 나는 그를 '탁발승'이라고 부른다. 우리 시대의 탁발은 바로 이런 것이 아닐까?

석남사 정무스님
평생을 유행하며 민초들과 어울려 살고 있는 탁발승
지금 이 시간에도 산야와 시장 거리에서 일의일발(一衣一鉢)로 살아가며 헌신 봉사하는 수많은 정무스님들, 탁발스님들―
이들이야말로 진정 수행승 아닐까? 우리들의 희망 아닐까?
이분들 앞에 몸을 던져 삼배를 올리는데 다시 무슨 망설임이 있으랴.

엘로라, 장엄 화려한 엘로라 예불당
나는 그 앞에 오체투지로 절하면서 큰 소리로 부르짖는다.
'스님들, 다 어디로 갔습니까?
이 땅의 청정한 탁발승들, 다 어디로 갔습니까?
탁발 스님들, 당신들이 그립습니다.'

사랑하는 사람들 생각에 목이 메고

___ 산치, 데비와 아쇼까의 러브 스토리

정복자 아쇼까의 회심(回心)

부사빌에서 밤 10시발 야간 급행열차를 타고 새벽 5시 보빨 역에 도착하였다. 역마다 무장한 군경들이 흔히 눈에 띈다. 살벌한 폭력과 살육의 역사는 아직 끝나지 않았다는 것인가? 산치, 끝없이 펼쳐진 푸른 초원─ 그래도 여기는 평화롭다. 따뜻한 사랑의 노래가 들려오는 것 같다.

산치(Sanchi)는 중부 인도의 중심 지역인 마디야-프라데쉬 주(州)의 수도 보빨에서 기차로 44킬로미터 지점에 위치한 넓은 초원 언덕이다.

이 산치 언덕에는 장엄한 불국토의 이상(理想)이 전개되어 있다. '산치 대탑'으로 알려진 유명한 제1 스뚜빠를 비롯하여 8기의 스뚜빠가 건축되고(현재 3기 보전), 각각 40여 개가 넘는 승원과 사당·돌기둥[石柱]·탑문(塔門)들이 세워졌다. 산치 인근 지역에도 수많은 스뚜빠들이 조성되었다. 여기 산치에는 수많은 대중들이 머물며 수행하고 붓다 담마를 전파하기

산치, 푸른 평원
그 위에 펼쳐지는 아쇼까와 데비 여인의 사랑 이야기
여인의 무덤 위에 붓다의 무덤 만들고
목메여 부르는 그리움의 노래.

「산치의 대탑(大塔) - 기원전 3세기, 아쇼까 대왕이 세운 붓다의 사리탑.」

위하여 동서남북으로 달려갔다.

산치 건설의 주역은 불교도 아쇼까 대왕(재위기간, B.C. 265~B.C. 232)이다. 따라서 이 산치의 건설은 기원전 3세기경부처 시작되었다. 아쇼까 대왕은 마우리야 왕조의 제3대 왕으로서, 그가 거대한 인도 대륙을 최초로 통일한 위대한 정복군주인 것은 널리 알려진 역사적 사실이다. 아쇼까는 지금도 인도인들에게 인도사의 영웅으로 깊이 각인되어 있고, 도처에 그의 흔적들이 남아 있다. 순례 기간 동안 여러 차례 아쇼끄 호텔(Asok Hotel)에서 여장을 풀기도 했다.

그러나 아쇼까의 통일 과정은 피로 얼룩진 비극이었다. 수많은 사람들이 흘리는 죽음의 유혈(流血) 위에서 아쇼까의 영광, 아쇼까 제국의 영광은 쌓여가고 있었던 것이다. 이러한 과정을 보고 겪어야 했던 인간 아쇼까의 고통과 회의 또한 얼마나 컸을 것인가.

즉위 8년(B.C. 257), 변경의 한 전쟁터에서 아쇼까는 회심(回心)의 순간을 만나게 된다. 깔링가(현재 벵갈만 오릿사)에서 격렬한 전투가 벌어졌다. 그는 수많은 사람들의 죽음을 목격하였다.(아쇼까 왕의 마애비분에 이렇게 기록되어 있다. '15만 명이 포로가 되었고, 그곳에서 다른 곳으로 이송되어 10만 명이 살해되었으며, 그 몇 배가 되는 사람들이 전쟁으로 사망하였다. 이제 깔링가는 정복되었으나, 그 이후 하늘로부터 사랑 받는 왕 아쇼까는 열심히 담마를 가르치고 공경하게 되었다. 이는 깔링가를 정복할 때 느낀 하늘로부터 사랑받는 왕의 뉘우침에서 나온 것이다.')

그는 수많은 사람들이 피 흘리며 외치는 신음을 들었다. 고통에 찬 그들의 얼굴을 보았다. 어버이를 찾고 아내를 부르는 처절한 목소리가 가슴을 후벼왔다. 아쇼까는 충격을 받았다. 더 이상 버틸 수 없는 벽에 부딪쳤다. 그는 칼을 내던졌다. 붓다를 찾았다. 붓다 앞에 무릎을 꿇었다. 붓다 앞에 통곡하며 맹세하였다.

"부처님, 저를 용서하소서!
다시는 죽이지 않겠습니다.
다시는 죽이지 않는 나라를 세우겠습니다.
이 땅 위에 붓다-담마로서 다스리는 정법 국가를 세우겠습니다."

정토, 정법 국가를 위하여

이후 아쇼까 대왕은 붓다와의 맹세를 지키기 위하여 혼신의 노력을 기울였다. 그는 인도 대륙 전역에 수만의 돌기둥과 표석을 세우고 바위(磨崖)를 찾아 담마-법칙(法勅)을 새겼다. 이 담마들은 '죽이지 말라' '해치지 말라'는 붓다-담마를 근본 내용으로 한 것이다.

아쇼까 대왕은 붓다의 나라—불국토를 건설 개척하는 일에 신명을 바쳤다. 8기 스뚜빠에 보전하고 있던 불사리를 모아 인도 대륙 전역에 8만여 기의 스뚜빠를 만들어 붓다 신앙의 대상으로 삼고, 수많은 돌기둥을 세워 불국토의 이상을 드높였다. 돌기둥 위에 돌사자를 앉히고 법륜(法輪)을 조각하여 붓다-담마를 끝없이 전파해 가려는 서원을 선포하였다.

　• • •
　굴러라 법바퀴여, 하늘 땅으로
　굴러 굴러서 욕심의 벽을 허물어라.
　'나' '나의 것'을 끝내 놓지 못하는
　신(神)과 인간들의 욕심을 여지없이 허물어라.

「산치 탑문에 조각된 법륜(法輪)─법의 수레─아쇼까 대왕은 '붓다의 나라'를 서원하고 동서남북 전법사
를 파송, 불교가 세계인의 종교로 굴러갔다.」

아쇼까 대왕의 불국토 운동은 대대적인 전법사(傳法師) 파송 사업으로 절정에 달하고 있다. 그는 왕자·공주들을 출가시켜 이 사업에 앞장세우고 있다. 왕자 마힌다(Mahinda) 비구와 공주 상가밋따(Sanghamitta) 비구니가 곧 그들이다. 이때 아쇼까 대왕은 장자 마힌다 비구를 스리랑카에 보내서 처음으로 붓다-담마를 전파하였고, 히말라야에도 전법사단을 파송하여 북방 개척의 교두보를 확보하였다.

이렇게 해서 아쇼까 대왕은 인류 역사상 최초로 붓다의 나라, 불국토·정토를 건립하였다. 'Buddhist India'를 완성한 것이다. 붓다가 그렇게 염원했던 전륜성왕의 이상국가를 역사적 현실로 건설해낸 것이다. 그렇게 해서 아쇼까 대왕은 곧 이 땅의 전륜성왕이 된 것이다. 위대한 불교도의 왕이 된 것이다.

산치는 Buddhist India의 한 중심으로 건설된 불국토의 현장으로 보인다. 아쇼까 대왕이 신명을 던져 일으켜 세운 정법 국가의 아름다운 상징— 불국토, 정토가 한갓 이상이거나 꿈이 아니라 우리들의 헌신 봉사에 의하여 능히 실현될 수 있는 이 땅의 현실이라는 사실을 입증해 보이는 희망의 상징, 역사의 현장으로 보인다.

데비와 아쇼까의 사랑이야기

청년 아쇼까(Asoka)는 비디샤 지방의 데비(Devi)라는 한 시골 처녀와 사랑을 나누고 있었다. 그들의 사랑은 매우 깊어서 두 사람 사이에 아들과 딸

두 아기까지 태어났다. 그러다가 아쇼까는 왕위를 계승하기 위하여 떠나게 되었다. 아쇼까는 데비에게 약속하였다.

"데비, 마안하오. 날 기다려주오. 내 반드시 당신과 아기들을 데리러 오겠소. 만일을 위하여 내가 이 신표를 남기겠소. 혹시 내가 돌아오지 못하거든, 이 신표를 가지고 날 찾으러 오시오."

아쇼까는 왕이 되고 곧 전쟁터로 달려갔다. 수십 년을 전쟁터에서 살았다. 왕비도 맞이하고 자식들도 보았다. 사랑하는 연인 데비와의 약속은 까맣게 잊어버리고 있었다. 그러던 어느 날, 한 젊은이가 찾아왔다. 젊은이가 말하였다.

"아버지, 아들 마힌다입니다."

그리고 신표를 내 놓았다. 아쇼까는 깜짝 놀랐다. 젊은 시절 한 시골 처녀와 나누었던 사랑의 맹세를 상기하고, 비디샤로 달려왔다. 그러나 여인은 이미 이 세상에 없었다. 아쇼까는 눈물을 뿌리며 데비의 무덤을 찾았다. 그리고 아들 마힌다와 딸 상가밋따를 친자식으로 맞이하였다. 마힌다와 상가밋따가 말하였다.

"아버지, 어머니는 부처님 곁에 묻히기를 원했습니다."

아쇼까 왕은 여인의 원에 따랐다. 비디샤에서 멀지 않은 초원, 지금의 산치에 큰 역사를 벌였다. 데비의 무덤 위에 붓다의 사리탑을 조성하였다. 그리고 승원을 짓고 스님들을 공양하였다. 전법사를 사방으로 파송하였다. 아들 마힌다와 딸 상가밋따를 출가시켜 스리랑카로 보냈다. 상가밋따는 보드가야에서 보리수 묘목을 가져와 아누라다뿌라 지방에 심었다. 지금도 이 보리수가 푸르게 뻗어가고 있다.

부처님 나라는 그리움의 나라

불국토는 어떤 세상일까?

병들지 않고 죽지 않고 영원히 사는 세상일까?

가난하지 않고 외롭지 않고 영원히 행복한 세상일까?

영생(永生)—영복(永福), 과연 이것은 가능할까?

이것은 지나친 욕심 아닐까? 무지에서 오는 탐욕스런 꿈 아닐까?

영원히 살고 영원히 행복하고—

이게 대체 무슨 의미가 있는 것일까?

이게 과연 생명일까? 행복일까?

나는 오랫동안 이런 생각을 하고 있었다. 그리고 붓다의 나라는 분명 이것과는 다를 것이라고 생각하고 있었다. 달라야 한다고 생각하고 있었다. 그러나 경전에 서술되어 있는 정토의 광경은 천상의 나라와 너무 닮아 있는 듯하였다.

칠보로 꾸며진 극락정토

궁핍과 부족함을 모르고 무량수 무량광을 누리는 아미타불의 구품 연화대.

과연 이것이 붓다가 펼치려는 세상의 모습일까?

이것은 영원히 실현될 수 없는 환상 아닐까?

극락은 죽어서 가는 곳이라고

천국은 심판 받아야 오르는 곳이라고

부름 받아야 가는 곳이라고―

이것이 정녕 진실일까?

종교는 환상과 독단으로 고단한 서민들의 불만과 분노를 마취시키려는 것일까? 불교도 이런 거짓에 동참하고 있는 것일까?

산치에 와서, 나는 이 오랜 질문에 대한 대답을 찾을 수 있었다. '데비 여인과 아쇼까의 사랑'을 목격하면서, 나는 분명한 대답을 발견할 수 있었다.

정토 · 불국토 · 붓다의 나라

깨달음의 나라 · 열반의 나라―

그래, 그것은 서로 사랑하며 살아가는 사람들의 세상일 거야. 아쇼까와 데비같이, 사랑하는 사람과의 약속을 끝내 저버리지 않고 맘에 새겨두고 살아가는 정직한 사람들의 세상일 거야. 사람과의 약속을 지키기 위하여 몸 바쳐 헌신하는 선량한 사람들의 세상, 사랑하는 사람에 대한 약속과 그리움을 붓다에 대한 헌신과 열정으로 승화시켜 가는 순수한 사람들의 세상, 사랑하는 사람에 대한 그리움과 연민을 이 세상의 모든 사람, 모든 생명에 대한 사랑과 연민으로 펼쳐 가는 열린 사람들의 세상, 사랑하는 사람을 지키고 해치지 않으려는 그런 염원으로 이 세상의 미미한 생명까지도 지키고 해치지 않으려는 슬기로운 사람들의 세상, 미미한 생명 하나를 지

•••

정토, 부처님 나라
그것은 사람들 나라
사랑하고 미워하고 욕심부리고 멱살잡이 싸움도 하고
그러면서도 못 잊어 방울방울 눈물 흘리는
마음 약한 보통 사람들 나라.
정토, 그것은 그리움의 땅.

「산치숲과 대탑」

키기 위하여 저 자신의 고통과 죽음을 두려워하지 않는 인정 깊은 사람들의 세상— 아마 정토는 이런 세상일 거야.

어버이와 자식, 남편과 아내, 형제와 친구들, 연인들, 동포들—

불국토는 이 모든 사람들이 서로 사랑하며 열어 가는 사람들의 나라, 보통 사람들의 세상일 것이다. 가난하고 외로운 사람들을 위하여 눈물 흘릴 줄 알고 자기 귀한 것을 바칠 줄 아는 사람들, 정토는 이런 선량한 보통 사람들이 열어 가는 세상일 것이다. 작고 궁핍한 마을 사람들을 찾아가 붓다—담마를 들려주고, 죽음을 죽음으로, 고통을 고통으로 있는 그대로 볼 수 있도록 거짓 없이 일깨우고, 저마다 제 인상의 주인으로 스스로 일어설 수 있도록 북돋아주고— 전륜성왕의 나라는 이런 정직하고 용기 있는 보통 사람들이 피땀으로 개척해 가는 세상일 것이다.

산치 언덕
푸르른 초원 산치 언덕

이 언덕에 서서 아쇼까와 데비를 생각한다. 그들의 절절한 그리움과 헌신을 생각하면서, 불국토는 한갓 환상이 아니라 역사적 사실이라는 것을 깨닫고 있다. 데비의 무덤 위에 선 붓다의 무덤을 바라보면서, 붓다의 나라는 평범하고 선량한 보통 사람들의 순수한 염원과 열정에 의하여 이 땅 위에 실현될 수 있으리라는 희망을 보고 있다.

산치 언덕

한 남정네와 맺은 인연,

목숨 끝까지 지켜가는 여인의 그리움

한 여인을 끝내 잊지 못하는 남정네의 의리—

나는 문득 내가 사랑하는 모든 사람들을 생각한다. 그들에 대한 그리움으로 목이 시려온다. 까막까치가 나를 위해 다리 하나 놓아줄까.

노란 들꽃 하나, 희망의 전조일까

___ '날 란 다 빈 터 에 노 란 들 꽃 하 나

한국 구법승들의 자취

거대한 폐허 날란다— 순례자들의 수심인가, 하늘에는 짙은 구름이 비를 몰고 온다. 세계 최대의 학문의 요람 날란다, 이렇게 철저하게 파괴될 수 있는가? 이슬람— 그러고도 그들은 평화를 말할 수 있는가? 무너진 벽돌들 사이로 머리를 내밀고 나그네를 바라보는 노란 꽃잎들, 저들도 뭔가를 말하고 싶어하는 것일까?

날란다(Nalanda)는 강가 강 유역 불교 중심의 주(主) 교역로, 라자가하와 파트나 중간에 위치하고 있다. 현재 바르가온 마을에 인접해 있다. 붓다도 머문 적이 있고, 상수 제자 사리뿟타 비구와 목갈라나 비구의 출신지로 널리 알려져 왔다. 아쇼까 왕도 기원전 250년경 이곳을 방문하고 사원을 건립하였다.

날란다 대학이 본격적으로 건립되기는 5세기 전반 굽타 왕조의 4대 왕

· · ·

날란다, 날란다 대학
거대한 벽돌 성곽, 무너져내린 빈 자리
2만여 눈푸른 학승들
뜨거운 열정, 그 터—
바람소리만 스산하고.

「날란다의 불교대학 터, 대승불교학의 센터—세계 각국에서 2만 명의 학승들이
몰려왔다. 아리야발마·혜업스님 등 한국 스님들도 여기 있었다.」

인 꾸마라-굽타 시대이다. 7세기경에는 이미 거대한 대사원 대학으로 발전하였다. 날란다 대학이 학문의 중심지로서 드높은 위상을 확보한 것이다. 2세기경 나가르주나(龍樹) 비구, 4세기 초 아리야데바(提婆) 비구, 5세기경 날란다 승원장이었던 아싱가(無着), 그의 동생 바슈반두(世親) 비구 등 위대한 학승들이 이 날란다 출신들이다. 이것은 날란다 대학이 대승불교의 사상적 센터로서 기능하였다는 사실을 의미하는 것이다. 8세기 이후에는 딴뜨라-밀교사상이 광범하게 연구되고 있었다.

날란다 대학은 최초 최대의 불교대학이고, 세계적인 학문 연구의 센터이다. 전성기에는 세계 각국으로부터 선발되어 모여온 뛰어난 학승들이 2만여 명에 이르렀다고 전해지고 있다 현장스님은 637년 여기에 와서 목사데바라는 법명을 받고 유식 등 불교사상을 전수 받았다. 의정(義淨)·현조(玄照)·무행(無行) 등 중국 스님들도 여기서 학문을 익혔다. 쌍따라끄쉬따·빠드마삼바바 등 티베트 불교의 창시자들도 여기서 공부하였다.

신라에서 온 아리야발마 스님과 혜업스님도 이 날란다 대학에서 세계의 준제들과 어깨를 나란히 하며 연구 정진하였다. 의정의 『대당서역구법고승전』의 기록에 의하면, 아리야발마 스님은 율(律)과 논(論)을 연구하고 여러 가지 경론들을 베꼈다. 고국으로 가져가 학풍을 일으키려는 염원 때문이었을 것이다. 그러나 뜻을 이루지 못하고, 스님은 70여세 때 신라의 서쪽 끝인 날란다에서 입적하였다.

혜업스님도 여기서 불서를 탐구하고 귀중한 경론을 베꼈다. 의정은 자신이 당나라 불서를 조사하다가, 『섭대승론』과 『섭대승론석』 말미에, '불치목(佛齒木) 아래서 신라승 혜업이 (이 論書들을) 베껴서 적었다'는 기록을 발견하였다고 쓰고 있다. 스님 또한 고국 땅을 밟아보지 못하고 60세 때 입적하고, 그 책들은 날란다 대학에 보관되고 있었다.

거대한 날란다 대학

5세기에 세워진 세계적인 학문 센터

풍족한 환경에서 오로지 학문에만 정진하던 수천 수만의 학승들

그 빛나는 학문적 성과들, 중관(中觀) · 유식(唯識) · 딴뜨라의 논서들—

그럼에도 불구하고 이러한 사실이 인도 불교의 융성을 의미하는 것은 아닌 것으로 보인다. 어떤 의미에서 이것은 인도 불교의 몰락을 예고하는 황혼의 전조(前兆)일지 모른다. 인도 불교가 풍요 속에서 학문에 정진하면서 사변적 영역에 안주하고 있을 때, 불교는 본래의 단순 소박한 윤리적 생명력을 상실하고 힌두를 닮아가려는 불교의 힌두화 현상이 촉진되었다. 그와 더불어 세속적 고통 속에서 허덕이는 민중도 상실해 갔다.

1199년, 바크띠야르-칼지 장군이 지휘하는 이슬람 침략군의 공격을 받아 사원들은 철저히 파괴되고 스님들은 무참히 학살당하였다. 거대한 학문의 성지 날란다 대학도 유린되었다. 학승들은 학살당하거나 탈출하고 논서들은 불길 속으로 던져졌다. 장엄 화려한 승원-승방과 스뚜빠, 예불당들은 허망한 재로 사라져갔다.

불교학 어떻게 할 것인가?

2002년 5월,

제1회 불교학 결집대회가 열렸다. 한국 불교학 초유의 경사다. 그러나 이 대회의 발표 논문집을 보면서 나는 점차 착잡한 심정이 되고 있었다. 200여 명의 전문가들이 함께 모일 수 있는 그 놀라운 성과를 높이 찬탄하면서도, 논문 주제들을 열람하면서, '이런 불교학 왜 하는가?' 이런 의문을 지울 수 없었던 것이다.

나는 그분들에게 묻고 싶었다.

'왜 그런 논문이 필요한 것일까?

그 논문 속에 과연 붓다가 살아 있는 것일까? .

불교학은 과연 불교인가?'

불교학자들, 글 쓰는 분들은 아마 이렇게 대답할 것이다.

'학문은 객관적이고 전문적이어야 한다.

불교학도 학문이다. 따라서 객관적이고 전문적인 방법으로 논문 쓰는 것은 옳은 일이다.'

그러나 나는 그들에게 되묻고 싶다.

'그대들은 불교학을 왜 하십니까?

불교가 궁극적으로 학문의 대상이 될 수 있다고 보십니까?

그대들이 하는 학문 속에 과연 붓다-담마가 살아 있다고 믿습니까?'

나는 불교학의 존재 가치를 문제 삼고 있는 것이 아니다. 불교학을 부정하고 있는 것이 결코 아니다. 불교학은 반드시 필요하고 훌륭한 학문적 전

• • •
불교학은 학문일까? 학문이 될 수 있을까?
불교학은 삶이 아닐까? 수행 아닐까?
붓다에게로 돌아가려는 뜨거운 열정 아닐까?

「날란다 대학의 연구실.」

통을 계승해 오고 있다. 또 인류 문화 발전에 기여한 공적도 큰 것이다. 누가 이 엄연한 역사적 진실을 부정할 수 있으랴. 거듭 말하거니와, 불교에 있어 불교학은 필요한 것이라고 생각한다. '불립문자(不立文字)'니까, '지식은 분별망상이니까', – 나는 이런 주장에 동의하지 않는다. 나 자신 이만큼이라도 불교할 수 있는 것은 대학원 시절 김동화 박사님을 비롯한 훌륭한 스승들로부터 불교학을 배울 수 있었기 때문이다.

나는 불교학의 기본적 정신, 태도, 역할을 문제 삼고 있는 것이다. 그 입각처를 문제 삼고 있는 것이다. 불교학의 가장 중요한 역할은 붓다의 삶을 끊임없이 조명해 내는 작업 아닐까? 붓다 석가모니의 역사적인 삶과 그 삶을 통해 보여준 단순 명료한 담마(Dhamma), 곧 단순 명료한 윤리적인 삶의 방식을 끊임없이 비추고 밝혀내는 작업이야말로 모든 불교학의 가장 신성하고 기본적인 사명이며 목표 아닐까? 그런 의미에서, 불교학은 기본적으로 붓다를 밝혀내는 붓다학(佛陀學)으로, 대중들–민중들의 깨달음의 삶을 밝혀내는 대중 견성학으로 규정될 수 있지 않을까?(그런 맥락에서 불교학은 근대 이후의 서양 학자들에 의하여 주도된 불교인문학과 분명히 구분돼야 할 것으로 생각된다. 불교인문학은 불교의 가치–깨달음의 실현을 위하여 봉사하는 것이 아니라, 불교를 하나의 역사적 문화적 현상으로 놓고 문헌학적 방법론 등을 동원하여 학문적으로 접근하려는 것이다. 이 학문은 그것대로의 가치를 평가받아야 할 것으로 생각되지만, 불교학이 불교인문학으로 매몰되어서는 안 될 것으로 보인다.)

따라서 모든 불교학도는 일차적으로 수행자로 돌아가야 되는 것 아닐까? 붓다를 모범 삼고 붓다의 깨달음을 추구하는 수행자로부터 시작해야 되는 것 아닐까? 수행자의 삶으로서 학문하고 강의하고 논문 써야 하는 것 아닐까?

붓다의 역사적인 삶
붓다의 역사적인 삶을 통해 보여준 단순 명료한 담마
단순 명료한 윤리적인 삶의 실천, 8정도·5계—
이것이 불교 아닐까? 이것이 불교의 생명이며 근본 아닐까? 이것이 모든 불교학이 서야 할 근본 입각처 아닐까?

도도한 물결, 완연한 불(佛)기운

도처에 세워지고 있는 불교대학들

우후죽순 솟아오르는 불교복지관들, 유치원들

밀물처럼 몰려오는 재가대중운동, 불교시민운동, 자연보전-생명나눔운동

군부대·은행·교도소·경찰서·지방자치단체·중앙부처·철도청·지하철 기업체… 용암처럼 솟구치는 각계의 재가 신행단체들

비구 비구니 스님들·재가법사들·군법사들·교법사들·포교사들… 들 풀처럼 강인한 생명력으로 목숨 걸고 붓다를 전파하는 무명(無名)의 개척자들

날란다의 빈 하늘을 바라보면서, 나는 사랑하는 우리 조국에서 새로운 종교혁신운동의 아침이 가까이 다가오는 발자국 소리를 듣고 있다. 지금

그 땅 위에서 이미 무서운 속도로 점화되고 있는 불교혁신운동의 뜨거운 열기를 느끼고 있다

한국 불교의 혁신운동은 이미 도도한 시대적 조류로 넘쳐흐르고 있는 것이 아닐까? 이것은 누구도 거역할 수 없는 역사의 물결이며 시대정신의 조류— 2천년 한국 불교사를 통하여, 불교가 이렇게 왕성한 자생력(自生力)을 발휘한 적이 일찍 있었던가?

이것은 실로 기적 아닌가?

조선 왕조 오백년의 잔인한 억불정책, 19세기 개화 이후 미국 등 서양 강대국들을 앞세운 서양 종교들이 한국 불교를 축으로 삼아온 한국문화, 민족전통에 가해 온 패권주의적 말살정책을 생각하면, 한국 불교의 이러한 자생적 부흥은 실로 '기적'이라고 밖에 표현할 길이 없다. 그리고 보다 중요한 사실은 한국 불교의 이러한 자생적 혁신운동이 초기불교 회귀운동과 그 궤를 함께 하고 있다는 사실일 것이다.

인간 붓다에게로, 붓다의 삶으로

2002년 10월 중순경,

『초기불교개척사』와 『붓다의 대중견성운동』을 발간한 일로 BBS 불교방송의 대담 프로에 나갔다. 평소 잘 알고 있는 박 PD와 만나 책을 전하고 얘기를 나누고 있었다. 마침 그때 옆자리의 양 PD가 동석하며 책을 만져보고 문득 한 마디 던졌다.

"제가 대학 다닐 때 이 『룸비니에서 구시나가라까지』를 읽고 제 인생이 바뀌었습니다. 그렇게 살아야겠다고 생각했었지요."

순간 영감 같은 것이 번쩍 스쳐갔다

'그래, 바로 이것이야! 지금 한국의 불교도들은 얼마나 붓다를 그리워하고 있는가. 얼마나 붓다같이, 부처님같이 살기를 갈망하고 있는가. 한국 불교 살리는 길이 여기 있구나!'

바야흐로 솟아오르는 불교혁신운동은 마땅히 붓다에게로 돌아가는 작업으로부터 시작돼야 하는 것 아닐까? 초기불교─초기경전으로 돌아가는 작업으로부터 시작돼야 하는 것 아닐까? 대승불교를 내세워 어설프게 초기불교를 '소승'으로 폄하하고 외면하거나 '조사선만이 최선이다'고 정체성 모호한 주장에 매달리거나─ 지금은 그럴 때가 아니지 않은가? 붓다를 통하여, 단순 명료한 붓다적 삶의 방식─8정도 · 5계 · 발우방식을 통하여, 대승불교에 뿌리를 찾아주고 참선에 입각처를 되돌려주어야 할 때가 아닐까? 그래야 대승도 살고 선(禪)도 살고─ 무엇보다 우리 불교가 살아날 것 아닐까?

불교가 살아나야, 나도 살고, 우리도 우리 동포들도 살아날 것 아닌가?

여기서 되돌아보면, 육십여 년 내 지난 생애는 붓다 속에서 참 행복했다. 붓다를 생각하고, 붓다의 발걸음 한 발 한 발 좇아가고, 붓다의 삶을 어린 청소년들 · 청년 대학생들에게 전파하고, 붓다의 삶을 글로 말로 널리 펴고, 찬불과 기도로 노래하고, 만여 명의 청보리 씨앗들을 길러 청소

년교화연합회 · 대불련(大佛聯) 등 한국불교의 텃밭으로 날려보내고, 이십여 년 불교대학에서 인재를 북돋우고ㅡ 이렇게 살아온 외길 생애, 이 가운데서 나는 더없이 행복하고 신명났다. 태어난 긍지를 느끼고 자부심을 느낀다.

'청보리'라고 했지만, 청보리는 어떤 조직이나 단체가 아니다. 어떤 조직도 만들지 않겠다는 것이 내 오랜 신념이다. 청보리는 다만 씨앗일 뿐이다. 바람 따라 날아가는 붓다의 씨앗들 · 꽃씨들ㅡ'실체는 있어도 조직은 없다.'ㅡ이것이 청보리운동의 본질이다. 머지않아 '청보리'란 이름마저 망각되겠지. 그것으로 족하지 아니한가. 빠리사(parisa, 大衆)란 본래 그런 것 아닐까? 대중이란 본래 그런 것 아닐까? 모여서 함께 일하고 끝나면 다시 헤어져 흔적 없이 제자리로 돌아가고ㅡ 조직을 만들고, 기관을 만들고, 권력을 만들고, 관료체계를 만들고, 총무원을 만들고, 종회를 만들고, 선거제도를 만들고, 권력승들이 날뛰고… 이런 패거리 놀음은 불교에서는 본래 없는 것 아닐까? 이런 권력 놀음은 수행자의 삶에서 본래 없는 것 아닐까? 그래서 붓다께서도, '벨루바의 대법문'에서, '나는 승단의 영도자가 아니다. 후계자 같은 문제는 내게 묻지 말아라.' 이렇게 단호히 말씀하신 것 아닐까?

지금 나는 홀로 있다. 죽산 도솔산 도피안사 서재(玉川山房)에 홀로 있다. 쓸쓸한 바람이 뜰의 꽃잎들을 흔들고 지나간다. 그러나 생각해 보면, 쓸쓸하고 외로운 것이 수행자의 길 아닐까? 무소의 뿔처럼 홀로 가는 것이 수행자의 길 아닐까? 인생이 다 그런 것 아닐까?

날란다 대학 빈터, 푸르른 거목
그 폐허 속에 솟아나는 노란 꽃잎 하나
벌써 천지에 완연한 불(佛) 기운인가?
가슴 설레는 불사(不死)의 숨결인가?

「날란다 대학 터, 폐허 속의 거목 한 그루.」

Atta-dipa Dhamma-dipa

이것이 자신을 등불 삼고 담마를 등불 삼는 것 아닐까?

내게 다시 소원이 있다면, 다음 생에도 이렇게 와서 이렇게 살다 가는 것이리라. 금생의 이 모습대로, 외롭고 의로운 수행자로 살다 가는 것, 무소의 뿔처럼 홀로 살다 가는 것, 낡은 수레처럼 삐거덕거리며 굴러가는 것— 그래서 나는 조석으로 붓다 앞에 엎드려 발원하고 있다.

'부처님같이 살아지이다.

저희도 부처님같이 살아지이다.

만분의 일이라도 부처님같이 살아지이다.'

허허로운 날란다의 빈터

그 빈터 위에 푸르른 거목(巨木) 하나

그 속에 벽돌더미를 비집고 솟아오르는 노란 꽃잎 하나—

나는 거기서 불(佛)기운을 느낀다. 가슴 설레는 불사(不死)의 숨결을 느끼고 있다. 이 인도와 한국 땅에서 솟아오르는 불씨〔佛種子〕를 보고 있다. 그 터에서 흙 한줌을 퍼서 담는다. 살아 있는 붓다의 숨결과 체온을 싸 담는다. 이 숨결, 이 체온을 방방곡곡에 세워지는 한국 불교대학들의 주춧돌 밑에 깔고 싶다. 참다운 대승이 꽃피기를 기약하면서, 참다운 선(禪)운동이 물결치기를 기다리면서—

아리야발마 스님

혜업스님

수많은 한국의 구법승들—

날란다의 빈 바람소리에 섞여 스님들의 목소리가 들려온다.

"친구여, 한국의 순례자들이여

열심히 수행하시오. 열심히 살아가시오.

그렇게 해서 한국 불교를 다시 빛내시오.

그래야 우리가 편히 잠들 수 있다오.

그래야 외로운 우리 영혼들 고향으로 돌아갈 수 있다오."

참고문헌

1) 경론(經論)

*Digha-Nikaya

The Long Discourses of the Buddha (tr, Maurice Walshe, Wisdom Pub,. Somerville, Massachusetts, 1996)

*Majjhima-Nakaya

The Collection of The Middle Length Sayings 3Vols (PTS, tr. L. B. Horner, Oxford, 1996)

*Sanyutta-Nikaya

The Book of The Kindred Sayings 5 Vols (PTS, tr. F. L. Woodward, Oxford, 1997)

*Anguttara-Nikaya

The Book of The Gradual Sayings 5 Vols (PTS, tr. E. M. Hare, Oxford, 1996)

*Dhammapada (tr. Thanissaro Bhikkhu, Microsoft Word 6)

*Jataka (tr. Thanissaro Bhikkhu, Microsoft Word 6)

*Itivuttaka (tr. Thanissaro Bhikkhu, Microsoft Word 6)

*Mahavagga

The Book of The Discipline 4 (PTS, tr. I. Horner, Oxford, 2000)

*Cullavagga

The Book of The Discipline 5 (PTS, tr. I. B. Horner, Oxford, 1996)

*Dhammapada-Commentary 3 Vols (Buddhist Legends) (tr. Eugene Watson Burlingame, Munshiram Manoharlal Pub. Pvt., New Delhi, 1999)

『수행본기경(修行本起經)』(동국역경원 한글대장경 18책)

『법구경』1, 2(거해 역, 고려원, 1932)

『붓다의 마지막 여로』(初期涅槃經)(민족사, 1991)

『붓다의 과거세 이야기』(本生經)(민족사, 1991)

『비구의 고백 비구니의 고백』(長老偈經 長老尼偈經)(민족사, 1991)

『기쁨의 언어 진리의 언어』(自說經 如是語經)(민족사, 1991)

『숫타니파타』(석지현 역, 민족사, 1993)

『쌍윳따니까야』1(전재성 역, 한국빠알리어성전협회, 1999)

『마하박가1』(최봉수 역, 시공사, 1999)

『붓다차리타』(馬鳴-Asvagosha/김달진 역, 고려원, 1989)

2) 저술(단행본)

정각, 『인도와 네팔의 불교성지』(불광출판부, 1992)

이중표, 『아함경의 중도적 체계』(불광출판부, 1999)

김재영, 『초기불교개척사』(도서출판, 도피안사, 2001)

_____, 『붓다의 대중견성운동』(도서출판, 도피안사, 2001)

_____, 『인도불교성지 순례기도문』(도서출판, 도피안사, 2002)

_____, 『룸비니에서 구시나가라까지』(불광출판부, 1999)

中村 元/김지견 역, 『佛陀의 世界』(김영사, 1984)

平川 彰/이호근 역, 『印度佛敎의 歷史』(민족사, 1989)

나나포니카/송위지 역, 『불교선수행의 핵심』(시공사, 1999)

Buhler, Inscription of Asoka(JRAS, 1987)

D. C. Ahir, The Pioneers of Buddhist Revival in India(sri Satguru Pub., Delhi, 1989)

Edward J. Thomas, The Life of Buddha(Motelil Banarsidassm New Delhi, 1997)

Hajime Nakamura, Indian Buddhism(Motelil Banarsidassm New Delhi, 1987)

H. W. Schumann, The Historical Buddha(Arkana, London, 1989)

Walpola Rahula, What The Buddha Taught(The Gorden Fraser Gallery Ltd., London
    and Berford, 1989)

후기
낡은 수레같이 굴러가리

룸비니에서 꾸시나가라까지

1976년 내가 처음으로 펴낸 책이다. '붓다의 삶만이 구원과 해탈의 유일한 출구'라는 믿음, 그리고 불자이면서도 붓다를 거의 모르고 있는 이 땅의 동포들에게 붓다 소식을 전해야 한다는 열정으로 썼다. 그렇지만 나는 룸비니도 꾸시나가라도 가보지 못 했다.

현장을 보지도 못하고 붓다의 삶과 생애를 좇아간 것이다. '대중을 속이는 게 아닐까?' 나는 늘 이런 자괴감으로 마음 불편함을 느끼며 지냈다.

2000년 1월, 마침내 기회가 왔다. 송암스님의 배려로 도피안사 순례단에 참가할 수 있게 된 것이다. 성지순례는 1월 15일 인도 나시크 석굴로부터 출발해서 1월 31일 네팔 카트만두까지 16일 동안 진행되었다. 스님의 철저한 순례의식과 실크로드 여행사 이상일 부장의 헌신적인 안내, 그리고 이십여 명 도반들의 우정과 불심으로 우리들은 모두 환희심으로 즐겁고 행복했다.

내 명상은 현장에서부터 시작되었다. 정확하게 말하면, 1970년 7월 18일, 동덕여고 불교학생회를 창립하면서부터 붓다와 함께 가려는 내 명상은 시작된 것이다.

삼십여 년의 '붓다 명상'이 비로소 현장을 얻게 된 것이라고나 할까, 그날그날 보고 느낀 것을 현장에서 메모하여 숙소로 돌아와서는 '순례시편(巡禮詩篇)' 한 편씩을 바로바로 썼다.

귀국해서 첫 작업은 '인도 불교성지 순례기도문'을 고쳐 쓰는 일이었다. 이번 순례과정에서, 지난 1992년 1월. 송암스님이 불광순례단을 인도할 때, 그 전해 12월 나에게 청해서 쓴 '기도문'을 다시 합송했지만 부족한 것이 너무 많아 부끄러웠기 때문이었다.

이 작업은 2001년 11월에 붓을 들기 시작해서 2003년 8월까지 거의 두 해가 걸렸다. 그리고 2006년 5월 초순에 이르러서야 마지막 정리를 끝낼 수 있었다. 마음이 어리석고 붓이 무디어서 고쳐 쓰기를 다섯 번이나 했다.

몸에 병이 들어 붓을 들 수 없을 때도 있었다. 좌절감을 느끼고 절망에 빠지기도 했다. 그러나 붓다께서 휘날리시는 불사(不死)의 깃발을 보며 나는 다시 일어서고 다시 일어서곤 했다. 그때마다 붓다께서 나를 추스려 세워주셨다. 지금 이 순간에도 붓다의 입김이 따뜻하게 와 닿는다.

"Atta-dipa Dhamma-dipa
불자야, 그대는 그대 자신을 등불 삼고
붓다의 담마를 등불 삼아라.
멈추지 말라. 나아가거라.

낡은 수레같이 굴러가는 나를 보아라.

이 땅의 동포들에게 불사(不死)의 깃발을 휘둘러 보여 주라."

오랜 지기 지헌(知軒) 김기철 선생 내외분과 룸메이트 원광거사(圓光居士) 이남수 불자, 도피안사 불자님들과 그 밖의 불자님들, 현지인 가이드 아비쉐크 군, 운전기사 콧수염 꼬살 씨, 조수인 라메쉬 군, 내가 만난 최초의 무슬림 친구 열일곱 살의 문년 군, 나시크 행 열차에서 만난 렐리 씨 가족들, 보드가야에서 만난 재가법사 꽈럼 싱 씨, 메인뿌라의 일흔다섯 살 되신 할아버지, 시장에서 손을 부딪치며 '하이 하이'를 함께 외친 나가뿌르의 하늘 아이들…. 나는 당신들을 잊지 못하고 있습니다.

무엇보다 관조스님께 감사드립니다. 선적(禪的) 영감으로 가득 찬 스님의 사진들이 있었기에 이 '명상록'이 생명을 얻게 되고 온전한 제2의 『룸비니에서 꾸시나가라까지』가 빛을 보게 된 것입니다. 부족을 채워주신 실크로드의 이상원·이상일 거사님들께도 감사드립니다.

2006년 5월

도솔산 도피안사 玉川山房에서

글쓴이 無圓居士 김재영

〈종이거울 자주보기〉 운동을 시작하며

유·리·거·울·은·내·몸·을·비·춰·주·고
종·이·거·울·은·내·마·음·을·비·춰·준·다

〈종이거울 자주보기〉는 우리 국민 모두가 한 달에 책 한 권 이상 읽기를 목표로 정한 새로운 범국민 독서운동입니다.

국민 각자의 책읽기를 통해 우리 나라가 정신적으로도 선진국이 되고 모범국가가 되어 인류 사회의 평화와 발전에 기여하기를 바라는 마음으로 이 운동을 펼쳐 가고자 합니다.

인간의 성숙 없이는 그 어떠한 인류행복이나 평화도 기대할 수 없고 이루어지지도 않는다는 엄연한 사실을 깨닫고, 오직 개개인의 자각을 통한 성숙만이 인류의 희망이고 행복을 이루는 길이라는 것을 믿기 때문입니다.

이에, 우선 우리 전 국민의 책읽기로 국민 각자의 자각과 성숙을 이루고자 〈종이거울 자주보기〉 운동을 시작합니다.

이 글을 대하는 분들께서는 저희들의 이 뜻이 안으로는 자신을 위하고 크게는 나라와 인류를 위하는 일임을 생각하시어, 흔쾌히 동참 동행해 주시기를 간절히 바랍니다.

감사합니다.

2003년 5월 1일

공동대표 : 조홍식 이시우 황명숙

지도위원

〈종이거울자주보기〉 운동 본부

전화 031-676-8700 / 전송 031-676-8704

E-mail cigw0923@hanmail.net

〈종이거울 자주보기〉 운동 회원이 되려면

1. 먼저 〈종이거울 자주보기〉 운동 가입신청서를 제출합니다.
2. 매월 회비 10,000원을 냅니다.(1년, 또는 몇 달 분을 한꺼번에 내셔도 됩니다.)
   국민은행 245-01-0039-101(예금주:김인현)
3. 때때로 특별회비를 냅니다. 자신이나 집안의 경사 및 기념일을 맞아 희사금을 내시면, 그 돈으로 책을 구하기 어려운 특별한 분들에게 책을 증정하여 〈종이거울 자주보기〉 운동을 폭넓게 펼쳐갑니다.

〈종이거울 자주보기〉 운동 회원이 되면

1. 회원은 매월 책 한 권 이상 읽습니다.
2. 매월 책값(회비)에 관계없이 좋은 책, 한 권씩을 댁으로 보냅니다.
   (회원은 그 달에 읽을 책을 집에서 받게 됩니다.)
3. 저자의 출판기념 강연회와 사인회에 초대합니다.
4. 지인이나 친지, 또는 특정한 곳에 동종의 책을 10권 이상 구입하여 보낼 경우 특전을 받습니다.(평소 선물할 일이 있으면 가급적 책으로 하고, 이웃이나 친지들에게도 책 선물을 적극 권합니다.)
5. '도서출판 종이거울' 및 유관기관이 주최·주관하는 문화행사에 초대합니다.
6. 책을 구하기 어려운 곳에 자주, 기쁜 마음으로 책을 증정합니다.
7. 〈종이거울 자주보기〉 운동의 홍보위원을 자담합니다.
8. 집의 벽 한 면은 책으로 장엄합니다.